上海大学出版社

2005年上海大学博士学位论文 14

高活性碳化钨催化材料的制备、表征及电化学性能研究

● 作 者：马 淳 安

● 专 业：材 料 学

● 导 师：周 邦 新 成 旦 红

2005年上海大学博士学位论文 14

高活性碳化钨催化材料的制备、表征及电化学性能研究

作 者：马淳安
专 业：材料学
导 师：周邦新 成旦红

上海大学出版社
·上海·

Shanghai University Doctoral Dissertation (2005)

Preparation, Characterization and Electrochemical Properties of Catalytic Materials of High Activity Tungsten Carbide

Candidate: Ma Chun-an
Major: Materials
Supervisors: Academician Zhou Bang-xin
Prof. Chen Dan-hong

Shanghai University Press
· Shanghai ·

上 海 大 学

本论文经答辩委员会全体委员审查，确认符合上海大学博士学位论文质量要求.

答辩委员会名单：

主任：	郑小明	教授，浙江大学化学系	310028
委员：	卢冠忠	教授，华东理工大学化工学院	200237
	吴宇平	教授，复旦大学化学系	200433
	杨　军	教授，上海交通大学化工系	200240
	沈嘉年	研究员，上海大学材料学院	200072
导师：	周邦新	院士，上海大学材料学院	200072
	成旦红	教授，上海大学材料学院	200072

评阅人名单：

万立骏	教授，中国科学院化学研究	100080
林昌健	教授，厦门大学化学化工学院	361005
杨　辉	教授，浙江大学材料与化工学院	310027

评议人名单：

马紫峰	教授，上海交通大学化工系	200240
陈胜利	教授，武汉大学化学学院	200030
张　诚	教授，浙江工业大学化材学院	310032
万晓景	研究员，上海大学材料学院	200072

答辩委员会对论文的评语

碳化钨类铂催化材料是材料、化学与化工领域中的一个研究热点. 制备高活性碳化钨电催化材料的研究工作，选题具有重要的学术价值和良好的应用前景.

论文通过对连续式和间歇式高活性碳化钨粉体制备工艺的研究，成功建立了喷雾干燥–固定床还原碳化法制备纳米碳化钨粉末的实验装置及工艺技术. 应用 SEM、XRD、AES、XPS、TG、DTA 及 BET 等多种分析手段观察研究了碳化钨粉末制备过程中物相的形貌和结构的变化，探索反应过程的机理. 同时，采用恒电流阳极充电法、线性极化、循环伏安等电化学实验方法深入研究了碳化钨在不同电解液中的电化学稳定性及对析氢反应、氢氧化反应、芳香族硝基化合物电还原反应的电催化活性，主要取得了以下创新性的结果：

采用气固反应合成了高活性 WC 粉体，在合成工艺上有创新.

在国内外首次成功制备了具有介孔结构空心球状的碳化钨粉体材料，发现碳化温度和冷却速度对碳化钨粉末的表面形貌有显著影响，提出了介孔结构空心球状碳化钨颗粒的形成机理.

首次采用恒电流阳极充电法对碳化钨催化剂在不同电解液中的电氧化行为和稳定性进行了全面系统的研究，并采用气体扩散电极和粉末微电极技术研究了不同物相组成的碳化钨对析氢反应、氢氧化反应和芳香族硝基化合物电还原反应的催化活性.这方面的研究结果为碳化钨在燃料电池、有机电化学及化学催化等领域的应用提供了实验和理论依据.

论文的研究思路清晰、实验方法合理、数据翔实可靠、分析严谨、行文流畅、结论可靠,表明作者具有扎实的理论基础和熟练的实验技术,有较强的独立科研能力和科研素质.在论文答辩过程中叙述流畅,回答问题正确.论文已达到材料学专业博士学位论文要求的水平,是一篇优秀的博士论文.

答辩委员会表决结果

经答辩委员会表决,全票同意通过马淳安同志的博士学位论文答辩,建议授予工学博士学位.

答辩委员会主席:郑小明

2005年5月26日

摘 要

本文全面综述了国内外在碳化钨(WC)催化材料制备、性能及应用方面的研究进展，系统分析了影响碳化钨催化活性的各种影响因素及碳化钨制备过程中的反应历程. 在此基础上，从制备高活性电催化材料出发，开展了碳化钨粉末材料的制备、表征、形成机理、化学和电化学稳定性及电催化活性等方面的研究工作.

论文首先考察了以黄色钨酸和偏钨酸铵为钨源、CO/CO_2为碳源，采用连续式和间歇式两种方法制备高活性碳化钨粉体的工艺. 研究表明，碳化钨制备过程包括焙解、还原、渗碳三个阶段；制备工艺对碳化钨的物相组成、表面结构和比表面积等具有十分重要的影响. 间歇式法制备碳化钨的最佳工艺条件为：CO 流量 480 mL/h · g H_2WO_4，CO_2 48 mL/h · g H_2WO_4；在制备过程中含钨原料首先在500℃条件下保温1 h，以除去其中的结晶水，然后升温至750℃，恒温反应12 h，即可获得WC样品. 连续式法制备碳化钨的最佳工艺条件为：CO 流量 1.5～3 m^3/h，固相物料停留时间 9～12 h，物料入口处温度 400～500℃，中部壁温(850±20)℃，反应区入口气体 400～600℃，按此条件可连续制得 WC 粉体材料.

在上述实验基础上，成功地构建了喷雾干燥-固定床法制备纳米碳化钨的实验室装置，在国内外首先制备了具有介孔结构空心球状的碳化钨粉体.这种WC粉体由许多长100～800 nm、宽50～150 nm的柱状体构成，柱状体之间存在介孔孔隙. 进一步研究发现，在制备过程中碳化温度和冷却速度对碳化钨粉末的表面形貌与结构具有很大的影响，通过急冷技术处理得到的碳化钨颗粒具有多孔结构，其中物相组成以六方结构WC相为主，主要化学成分为W、C和O，W与(C+O)的原子比为0.977，这种结构的WC具有良好的电催化活性.

采用原位XRD和SEM技术深入研究了WC制备中的物相转变及其形貌变化过程，对介孔结构空心球状WC颗粒的形成机理进行了探讨.研究表明，偏钨酸铵在CO/CO_2气氛中进行还原碳化时，物相转变过程与还原碳化时的温度和升温速率密切相关.缓慢升温时，样品遵循AMT→WO_3→WO_2→W_2C→WC的物相变化规律；"阶跃式"升温时，样品则遵循AMT→WO_3→WO_2→WC的物相变化规律.另外还发现，介孔结构空心球状形貌的形成可能与前驱体的性质、喷雾干燥微球化处理、反应过程中生成的气体和WO_3的升华等密切相关.

在国内外首先提出了采用恒电流阳极充电法对WC催化剂在不同电解液中进行电氧化行为和稳定性的研究. 结果表明，电极电位低于800 mV时，WC在酸性溶液中对氢氧化反应具有良好的电催化活性和电化学稳定性；电极电位高于800

mV 时，WC 中的 W 开始发生氧化，电极表面的活性中心受到破坏，电极处于不稳定状态. 在碱性溶液中 WC 主要发生自身的电氧化或析气反应，因此 WC 不宜作碱性溶液中氢氧化反应的电极材料. 对 WC 自身电氧化过程的研究表明，在 2.0 mol/L H_2SO_4电解液中，电极电位大于 800 mV 时，WC 将氧化成 W_2O_5，而在 3.5 mol/L HCl 中，WC 的氧化产物则为 W_8O_{23}，在 2.5 mol/L KOH 电解液中，WC 将直接氧化成 WO_3.

本工作首先以 WC 粉体为催化材料制成防水型 WC 气体扩散电极，同时考察了在酸性电解液中氢阳极氧化的电化学性能. 研究表明，这种气体扩散电极对氢阳极氧化反应具有较高的电催化活性，在 3.5 mol/L HCl 溶液中进行反应时其表观活化能为 23.3 kJ/mol，在 2.0 mol/L H_2SO_4 中为 14.5 kJ/mol，在 85%H_3PO_4 中为 13.7 kJ/mol，在同等条件下文献值一般为 33.4 kJ/mol，最佳值为 16.7 kJ/mol. 此外，研究还发现，氢在 WC 和 W_2C 电极上的阳极氧化反应具有不同的反应机理. 以 WC 为主物相的碳化钨粉末对氢电氧化反应具有较高的催化活性，在 30℃、22% HCl 溶液中进行氢阳极氧化时，其交换电流密度为 8.58 mA/cm^2，传递系数为 0.75. 与 WC 电极相比，W_2C电极上氢阳极氧化反应的交换电流密度要低约 100 倍，这表明 W_2C 电极对氢阳极氧化反应的催化活性较低. 经稳态极化法研究表明，以 W_2C 为主相的碳化钨粉末在不同性质的电解液中对析氢反应均具有良好的电极活性.

研究还表明，WC催化材料对有机电化学加氢反应具有良好的催化活性．在酸性介质中，硝基苯在WC电极上进行电化学还原时的表观活化能为23.7 kJ/mol，同时发现电还原过程受扩散和电化学步骤混合控制．在碱性介质中，硝基苯在WC-Ni电极上的还原峰电流是Ni电极的3倍，具有较高的电极活性．另外还发现，WC电极对硝基甲烷的还原反应也具有良好的电催化性能．

此外，本工作在国内外首先提出了采用粉末微电极技术考察介孔结构空心球状碳化钨粉体在对硝基苯酚(PNP)电还原反应中的催化性能．研究表明，WC粉末微电极对PNP的电还原反应具有良好的催化活性．在相同测试条件下，WC粉末微电极在PNP电还原过程中的峰电流比Cu-Hg微电极和Pt微电极高3倍以上．

关键词： 碳化钨，制备，电催化，电化学性能，气体扩散电极，粉末微电极

Abstract

The preparation, property and application of the catalytic materials of tungsten carbides (WC) in the field of catalysis have been comprehensively reviewed in this dissertation, and the various factors affecting the catalytic activity of tungsten carbides and reaction mechanism for the preparation of tungsten carbides are also discussed. With this understanding, the preparation, characterization, forming mechanism, chemical and electrochemical stabilities and electrochemical activities of tungsten carbides are investigated from the point view of preparing electrocatalysis with high activities.

First of all, the preparation processes using yellow H_2WO_4 or $(NH_4)_6(H_2W_{12}O_{40})\cdot 4H_2O$ as tungsten source and CO/CO_2 as carbon source at continuous mode or batch mode were investigated. The experimental results showed that three stages of pyrolysis, reduction and carbonization were occurred in turn during the preparation of tungsten carbides; and the phase composition, surface composition and specific surface area were greatly affected by the preparing conditions. The better conditions for preparing tungsten carbides at batch mode were as follows: flux of CO and CO_2 were 480 mL/h · g H_2WO_4 and 48 mL/h · g H_2WO_4, respectively; the tungsten source materials were first heated at 500 ℃ for 1 h to get rid of crystalline water, then reacted at 750 ℃ for 12 h. The better conditions for preparing tungsten carbides at batch mode were as follows: flux of CO was 1.5～3 m^3/h, the rest time of the solid materials in the reactor was 9～12 h, the temperatures at the inlet of solid materials, wall at the middle of the reactor and inlet of gas were 400 ～ 500 ℃, (850 ± 20)℃ and 400 ～ 600 ℃, respectively.

Based on the above results, an experimental setup for preparing nano-size tungsten carbides with the spray drying-fixed bed method was successfully constructed. And a kind of tungsten carbide powders with mesopores and hollow ball shapes were made for the first time. These powders were formed by pillar-like species with the length of 100～800 nm and width of 50～150 nm, and mesopores were constructed by these pillar-like species. The further studies indicated that the carbonization temperature and cooling rate of the products had remarkable influence on the surface profile and structure of tungsten carbides. The tungsten carbide prepared with rapid cooling rate had porous structure and was mainly composed by hexagon WC. W, C and O were contained in this sample with the atomic ratio of W to (C+O) of 0.977. WC with such composition exhibited good electrocatalytic activities.

In situ XRD technique combined with SEM was introduced to elucidate the phase transformation and profiles of the samples during the process for preparing WC, and the forming mechanism of WC particles with mesopores and hollow ball shapes were also discussed. The results showed that the phase transformation was closely related to the temperature for reduction and carbonization and the rising rate of temperature for the preparing tungsten carbides from $(NH_4)_6(H_2W_{12}O_{40}) \cdot 4H_2O$ in the atmosphere of CO/CO_2. For lower rising rate of temperature, the phase transformation was as follows: AMT→WO_3→WO_2→W_2C→WC; for stair case rising of temperature, the phase transformation was as follows: AMT→ WO_3→WO_2→WC. In addition, the dependence of the profiles of tungsten carbides on the nature of precursor, spray-drying process, gas released during the reaction and the sublimation of WO_3 were also observed.

The electro-oxidation behavior and stability of WC in different electrolytes were first investigated by galvanostatic anodic charging method. High electrocatalytic activity for hydrogen oxidation and better electrochemical stability of WC in acidic solutions were found for the potential below 800 mV; for the potential over than 800 mV, W contained in WC became to oxidized and the active sites at the surface of the electrode was destroyed. In basic solution the main reaction occurred at the WC anode was the oxidation of WC itself or the evolution of gas. This indicated that WC was not suitable as anode material for hydrogen oxidation in basic solution. It was found that the products of the oxidation of

WC were W_2O_5 in 2.0 mol/L H_2SO_4 above 800 mV, W_8O_{23} in 3.5mol/L HCl, WO_3 in 2.5 mol/L KOH, respectively.

In addition, the performance of gas diffusion electrode catalyzed with WC on hydrogen oxidation in acidic solutions was also evaluated. High electrocatalytic activity was found for the anodic oxidation of hydrogen. The apparent activation energies were 23.3 kJ/mol in 3.5 mol/L HCl, 14.5 kJ/mol in 2.0 mol/L H_2SO_4 and 13.7 kJ/mol in 85% H_3PO_4, respectively. Under the same conditions, 33.4 kJ/mol was commonly reported in the documents and 16.7 kJ/mol was the best one. Furthermore, different reaction mechanisms were observed for anodic oxidation of hydrogen at WC electrode and W_2C electrode. High catalytic activity for hydrogen oxidation was found on the tungsten carbides with WC as the main phase. The exchange current density and transfer coefficient were 8.58 mA/cm^2 and 0.75 respectively for hydrogen oxidation in 22% HCl solution at 30 ℃. Compared to WC electrode, the exchange current density for hydrogen oxidation at W_2C electrode was about 100 fold lower. This indicated that lower catalytic activity of W_2C to hydrogen oxidation. The steady state polarization method testified that tungsten carbides with W_2C as the main phase had good electrocatalytic activity for the evolution of hydrogen in various aqueous solution with different pH value.

The studies also proved that WC had good electrocatalytic activity on organic electrochemical reactions. In acidic media, the apparent activity energy for the electroreduction of nitrobenzene at WC electrode was 23.7 kJ/mol, and the electrode process was controlled by diffusion and electrochemical steps simultaneously. In basic media, the peak current for the reduction of nitrobenzene at WC - Ni was 3 times bigger than that at Ni electrode. In addition, good electrocatalytic activity of WC was also found for the reduction of nitromethane.

Furthermore, powder microelectrode technique was introduced to evaluate the catalytic activity of tungsten carbides with mesopores and hollow ball shapes for the electroreduction of *p*-nitrophenol (PNP). The results showed that the WC powder microelectrode had good catalytic activity for the reduction of PNP. At the same conditions, the peak current for the reduction of PNP at WC powder microelectrode was 3 times higher than those at Cu - Hg microelectrode and Pt microelectrode.

Key words Tungsten carbide, preparation, electrocatalysis, electrochemical performance, gas diffusion electrode, powder microelectrode

目 录

第一章 绪 论

碳化钨(WC)是一种具有高硬度、高热稳定性和高耐磨性的新型功能材料. 利用粉末冶金的方法,将 WC 粉体与黏结金属(Co、Ni、Fe、Fe-Ni、Ni-Co、Fe-Ni-Co 等)烧结可制成 WC 基硬质合金. 与其他合金钢相比,采用 WC 基合金制成的刀具、量具和模具的寿命可分别提高 5～80 倍、20～150 倍及 20～200 倍[1]. 因此,自 1920 年起 WC 即在硬质合金领域得到了广泛的应用,其用途主要是制作切削工具、模具、矿山工具及耐磨零部件等.

1961 年,Gaziev 等[2]发现 WC 对环己烷脱氢反应具有催化活性,从而为 WC 的研究和开发工作拓展出一个全新的领域. 其后,Samsonov 等[3]用 WC 作催化剂对乙苯脱氢制苯乙烯反应的催化活性进行了探讨. 但是,由于上述研究所用的 WC 均来自于冶金领域,其比表面积很小,仅为 0.2～1.0 m^2/g 左右,因此催化活性很低,难以在催化领域进一步推广应用.

1968 年,西德的 Böhm 和 Pohl 等打破传统观念,首次在实验室成功制备了具有较高催化活性的 WC,其比表面积达 5～20 m^2/g. 他们发现这种 WC 对氢的阳极氧化反应具有良好的电催化活性[4]. 此后,国际上对 WC 催化剂的研究十分活跃. 在电化学领域,人们的注意力主要集中在燃料电池的氢阳极氧化反应、析氢反应和有机电还原反应;在化学催化领域,人们感兴趣的是气相和液相催化加氢、脱氢反应. 到目前为止,德国、美国、俄罗斯、保加利亚、波兰、日本、英国、法国、加拿大、比利时、匈牙利、捷克、中国等国家的 30 多个科研机构对此作了大量的研究工作,其内容包括: WC 催化剂的制备方法、物化性能、表面结构、催化活性以及相关领域的应用等. 迄今为止研究发现,WC 催化剂不仅可用作酸性燃料电池中的氢阳极[5～12]和电解中的活性阴极[13~19]，而且也可用作化学反应中加氢、脱氢的催化剂[20~25]和其他一些化学反应的催化材料[26~30].

近三十年，WC作为燃料电池氢阳极电催化剂的应用研究已取得较大进展. Böhm等[6,31]用浓磷酸为电解液、WC作氢阳极、铂为氧阴极，组装成由40个单电池构成的氢-氧燃料电池组，在50℃的反应条件下，连续运行5 000 h，电池性能保持稳定；单电池连续操作10 000 h，电池性能无明显变化[32]. Maass等[33]用甲醇裂解器发生的气体作燃料、空气为氧化剂、浓磷酸作电解液、WC作氢阳极、载铂碳作氧阴极（Pt载量＜2 mg/cm^2），制成单电池电极面积为34 cm^2的粗H_2/空气燃料电池，并组装成40节单电池构成的电池组，在操作温度150℃、电池组电压16 V时，输出功率为240 W；他们还用五套这种燃料电池组串联制成1 kW的燃料电池系统，该电池系统具有稳定的输出性能. 浙江工业大学杨祖望等[12,34]制成了以生产盐酸回收电能为目的的氢-氯燃料电池，这种燃料电池以WC作氢阳极，碳为氯阴极材料，单电池电极面积为0.1 m^2，电池组由10个单电池按复极式串联而成，在常压和室温下，电池输出电流37～40 A，电压6 V左右，功率达200余瓦，该电池在工厂连续运行六个月，性能保持稳定. 上述研究表明，WC催化材料用作燃料电池氢阳极催化剂具有价格便宜、寿命长、性能稳定等特点，具有十分重要的应用前景.

80年代，日本Osamu等[35]将WC与Pt黑混合（Pt载量2 mg/cm^2）作为氢阳极和氧阴极的催化剂，制成固体电解质H_2-O_2燃料电池. 试验表明，这种电极的催化活性比单独Pt黑为催化剂的氢电极要高得多，他们认为这是产生协同效应的结果.

近几年，人们还对WC的析氢性能及其反应机理作了较为深入的探索，且在实际体系中进行了应用性研究. 结果表明，WC催化剂可显著降低析氢超电势. 此外，WC在化学催化领域的研究仍十分引人注目，人们试图将它应用于加氢、脱氢等反应的催化体系，但至今为止，无论是电催化还是化学催化领域，WC的催化活性仍比不上Pt. 如果WC的催化活性能接近或达到Pt的催化水平，那么其应用前景将不可估量. 我国是钨资源大国,钨矿储量占全世界总储量的55%以上,而我国铂资源十分贫乏,基本靠进口维持工业所需. 如果能够利用我国丰富的钨资源来弥补铂的紧缺问题,这将会对我国国民经济建设产生较大的影响. 因此,加强对 WC 催化剂的研究与开发工作将具有十分重大的意义.

1.1 碳化钨的基本性能

碳化钨通常是钨碳化物的总称. 已知化学计量的碳化钨有:WC_2、WC、W_2C;非化学计量的碳化钨有:WC_2、WC_{1-x}($x = 0.18 \sim 0.42$)等. 常用的碳化钨催化剂为 WC_{1-x},是一种青灰色的粉末,呈六方晶体结构,如图 1.1 所示.

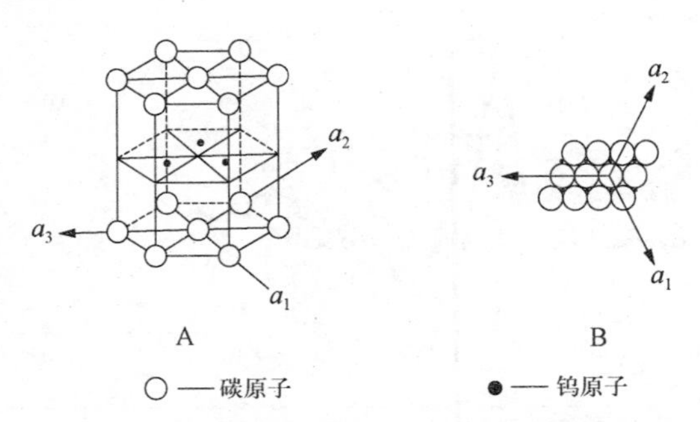

图 1.1 WC 催化剂六方晶体结构模型

WC 催化剂的晶面具有极性,中心不对称[36]. 六方 WC 催化剂晶格参数为:$a = 2.900$ Å, $c = 2.843$ Å,与理想六方晶体结构参数($a = 2.906$ Å,$c = 2.836$ Å) 相比,稍有偏差. 这可能是 WC 催化剂本征晶格中存在轻微的碳缺陷[37]. 用 Auger 能谱不仅可以观察到 WC 催化剂表面有 C(271 eV)、W(350 eV)峰,而且还有 O(510 eV)峰存在[38];这可能是催化剂表面的碳缺陷被氧取代了. 氧取代碳在 WC 表面上形成 W－O 共价键,稳定了周围钨原子和碳原子的扰动,这是 WC 催化剂具有催化活性的重要标志之一.

从宏观而言,WC催化剂的类铂催化活性主要表现在对加氢、脱氢反应的催化活性. Ross[37]、Levy等[39]用 H_2-O_2 滴定法证实,WC催化剂对氢的化学吸附行为确有与Pt相似的性质. 从微观上来看,人们已从WC与Pt的价电子结构出发,比较了它们的异同[40~43]. 图1.2为WC、W(a)和Pt(b)的软X-射线表面势光谱(SXAPS)图. 由图可见,Pt 5d能带未填满部分十分狭窄,说明Pt 5d能带的电子几乎完全填满,而WC 5d能带未填满部分的宽度则随W转变而增加,这与正常假设相反. UPS研究表明,WC和Pt在费米能级附近(0.2 eV)的表面态峰都比较高,在2 eV附近都有d电子体内峰;但Pt在eV处还有5d电子体内峰,而WC和W则没有. WC和W出现的第三个峰处于费米能级5~7 eV处,是 O_2P 峰(见图1.3),说明WC表面有氧存在,这与Auger能谱的分析结果一致. 由于XPS表

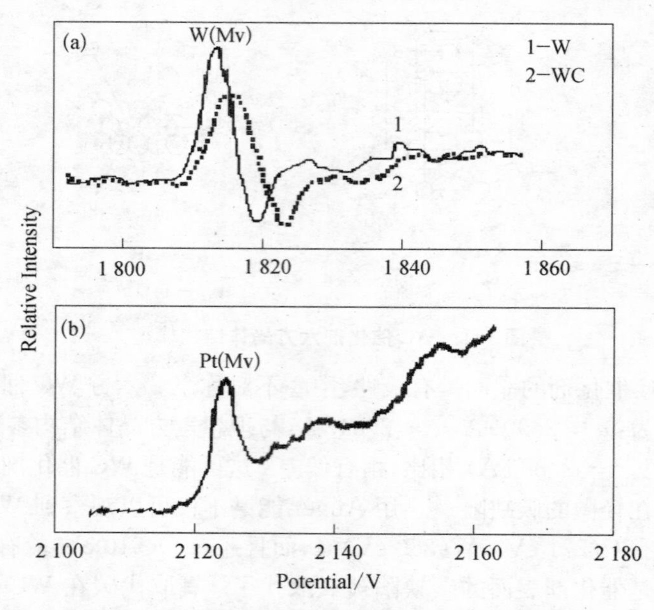

图1.2 WC、W和Pt的Mv能级附近SXAPS谱图

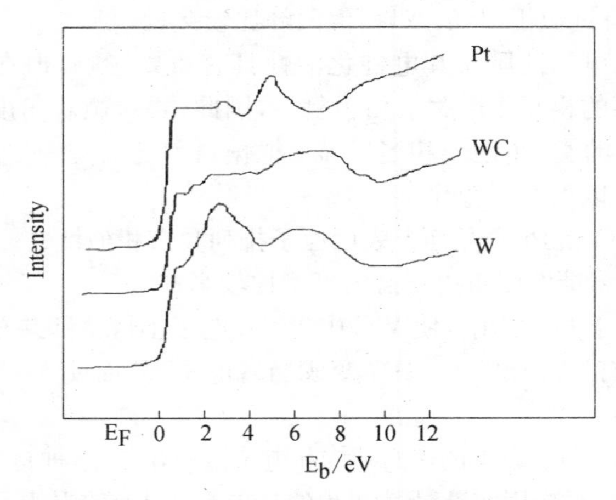

图 1.3 Pt、WC 和 W 的紫外光电子能谱

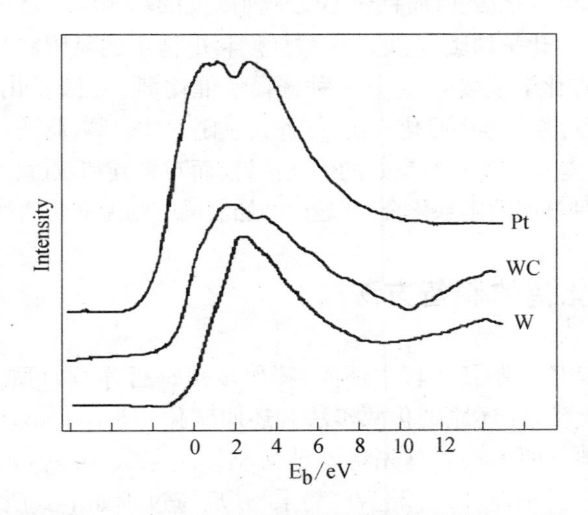

图 1.4 Pt、WC 和 W 的 X 射线光电子能谱(XPS)图

面灵敏度不如UPS,所以图 1.4 中 Pt、WC 和 W 的表态峰不明显;但 d 电子体内峰却看得很清楚,且不受 O_2P 峰干扰. Pt 在费米能级下 2 eV、4 eV 处各有一个峰,与 UPS 谱一致. W 只在 2.7 eV 处有一个峰,WC具有近似于Pt的双峰,但两峰比较接近.

物质的电子性质对其电催化活性具有重要影响,但在实际体系中电子之间的相互作用关系相当复杂,因此,要从微观角度深入考察WC催化剂的类Pt性质相当困难. 根据目前的研究,通常认为WC催化剂具有以下本征特性:

(1) WC和Pt主晶面上表面原子排列具有相似性;

(2) 费米能级附近电子态密度都比较高;

(3) 由于C的影响,使WC中W 5d电子不再全部共有化成巡游电子,而是有一部分像Pt一样变成局域电子,从而使WC具有类Pt的催化活性.

由于WC具有以上的表面结构和电子性质,因此这种材料在催化领域具有十分好的应用前景,尤为可贵的是它不仅具有较强的耐酸性、良好的导电性和电催化活性,而且还不受任何浓度的CO和几个ppm的H_2S中毒[43]. 在电化学领域,它可用作酸性燃料电池中的氢阳极和电解中的活性阴极;在化学领域中,它是一种选择性催化剂. 在液相化学反应中,WC催化剂对芳香族硝基化合物、芳香族亚硝基化合物、脂肪族硝基化合物和醌的加氢反应都具有良好的催化活性,而对氧族和双键、三键化合物(除含有这种基团的硝基化合物以外)的加氢反应则无催化活性[20].

1.2 碳化钨的制备方法

根据WC在制备过程中还原、碳化步骤是否连续,可将其制备方法分成两大类,即还原碳化两步法和还原碳化一步法[44].

还原碳化两步法是首先将含钨前驱体还原成W粉,再与含碳物质进行碳化反应,然后制得WC粉末,其反应过程如下式所示:

$$X_1 \xrightarrow{H_2 \text{或} H_2/N_2} W \xrightarrow{G_1} WC \qquad (1.1)$$

式中: X_1—含钨原料,如W,WO_3,WC_{16},H_2WO_4

G_1—碳化物质,如C,CO,C/H_2,C/CH_4

最初，WC是通过钨粉和碳黑在1 400～1 600℃的高温下混合碳化制得[53]．由于该方法钨和碳两种固体不能充分接触，后来改用具有较高活性的钨前驱体经还原剂（如H_2）还原后再与含碳气体（如CH_4）直接碳化，然后制得WC粉末．这种方法能使具有较高活性的钨固体与还原剂充分接触，而且碳化温度也较低．这种类型的制备方法如表1.1所示．

表1.1 还原碳化两步法制备超细WC粉末的方法与基本条件

制备方法	钨前驱体	反应器	还原物质	还原温度/℃	碳化物质	碳化温度/℃	粒径/μm
传统方法[47]	W	石墨炉			碳黑/H_2	1 400～1 600	1～10
氧化钨法[48]	WO_3	气氛炉	H_2/N_2	1 400～2 000	碳黑/CH_4	1 000～1 600	<0.5
球磨法[49,50]	W	球磨罐			碳黑	Ar气保护	0.007 2
卤化物法[51]	WCl_6	镍管	H_2			1 400	超细
钨酸盐法[52,53]	自还原性钨酸盐	还原炉	H_2	550～850	碳黑	1 300～1 350	0.3～0.65
	仲钨酸盐	还原炉	H_2		碳黑	1 420～1 470	0.15～0.25
等离子体法[54]	W				碳黑或CH_4	等离子体	0.025～0.03 (W_2C)

还原碳化一步法是由含钨的前驱体（如WO_3）直接与碳化气体进行还原碳化反应制得WC．采用该方法时，通常需要预先制备较高活性的钨前驱体，如下式所示：

$$X_2 \xrightarrow{G_2} WC \tag{1.2}$$

式中：X_2—含钨原料，如WO_3，WC_{16}，H_2WO_4

G_2—碳化气体，如CH_4，CH_4/H_2

采用还原碳化一步法制备WC粉末可缩短工艺流程，提高碳化钨粉末的制备效率，制得的WC粉末具有较好的均一性和较小的粒径. 这种 WC 的制备方法如表 1.2 所示.

还原碳化两步法和还原碳化一步法所制备的 WC 粉体中氧含量的多少与还原碳化的时间有关,一般而言,还原碳化时间越长,氧含量越少.

表 1.2 还原碳化一步法制备超细 WC 粉末的方法及基本条件

钨的前驱体	气相反应	还原碳化物质	反应温度/℃	粒径/μm
WCl_6[55]	气相反应	CH_4	1 300～1 400	0.02～0.3
	回转炉	CH_4	等离子体	
	旋转炉	CH_4/H_2	>800	<0.3
WO_3[56～62]	连续反应器	CH_4/H_2	627～650	
	分立式炉	碳黑/H_2	低于传统温度	0.5
	SHS 反应器	Mg+C 或 Al+C	600～1 110	
$WO_3+C_3H_6$[63]	分立式炉	90%Ar+10%H_2	1 100～1 400	亚微米
W(bipy)Cl_4[64]	氧化铝固定床	Ar(保护气)	450～700	0.02
H_2WO_4[65]	石英管反应器	CO/CO_2	700～750	
钨酸和有机物的混合物[66]	氧化铝管炉	Ar(保护气)	800～1 200	亚微米
蓝钨或仲钨酸盐[67, 68]	氧化铝固定床	CH_4/H_2	820～850	<1
	钼丝炉	碳黑	950～1 100	亚微米

1.2.1 还原碳化一步法制备超细 WC 粉末

1.2.1.1 高频等离子制备法

利用等离子体产生热源,其方式有直流等离子体、高频等离子体、直流和高频相结合产生的等离子体. 原料一般是 W 或 WO_3,以 CH_4 为碳源制得的是 β-WC 或 W_2C,其化学反应如下[67]:

$$CH_4(g) = C(s) + 2H_2(g) \tag{1.3}$$

$$C(s) + 2W(l) = W_2C(l) \tag{1.4}$$

$$W_2C(s) + C(s) = 2WC(s) \tag{1.5}$$

日本龟山哲也等用高频等离子体法制得超高纯的纳米级 WC_{1-x} 粉末，该方法用 Ar 作载气，将 CH_4 输入高温区（1 300～1 400℃），使 W 粉在气相中碳化，得到 WC_{1-x} 超微粉. ICP 分析表明，WC_{1-x} 的组成为：WC 87.05%，总碳 11.85%，游离碳 8.56%. 中国科学院化工冶金研究所采用高频等离子体法成功地制得了超细氧化锌和碳化钨粉末[68]. 另外，Ronsheim 等[69～71]用等离子法一步制得粒径为0.11～0.22 μm 的碳化钨粉末，所用碳化气体为 CH_4，前驱体为 WO_3.

1.2.1.2　氧化物碳化法

该方法主要以回转炉或旋转炉为反应器. 反应过程中控制一定的温度，通入碳化气体，将钨的氧化物（如 WO_3）一步还原碳化成碳化钨. 如 Hara 等[72]采用 CH_4/H_2 作为碳化气体，在 800℃下制得粒径为 0.11～0.22 μm 的超细碳化钨粉末. 而 Dummead 等[73]则直接将 WO_3 和碳黑混合，在电阻炉中一步完成了碳化过程，产物的粒径稍微偏大，但碳化所需的温度较低（520～800℃）. Brookes 等[74]在前两种方法的基础上，对以碳黑/N_2/H_2 作为碳化气体制备碳化钨粉末的工艺进行了研究，所需温度比传统的制备方法低，但缺点是碳化钨粉末的粒径较大. 在国内，缪曙霞等[59]研究了以 Mg、Al 为还原剂制备碳化钨粉末的方法. 这种工艺实质上是一种自蔓燃高温合成法(SHS)，反应式如下：

$$WO_3 + 3Mg + C = WC + 3Mg + Q_1 \tag{1.6}$$

$$WO_3 + 2Al + C = WC + Al_2O_3 + Q_2 \tag{1.7}$$

这种工艺具有节能、设备简单的特点. 在国外 Fukatsu 等[75]采用同样的方法制得颗粒分布均匀的 $WC-Al_2O_3$ 复合体. 但是，由于 WO_3 和 Mg 的气化温度很低，反应过程中易在反应器内壁生成大量的沉积物.

1.2.1.3 程序升温法

程序升温还原法是以过渡金属氧化物、烃和氢气为原料，使过渡金属氧化物在设定的温度下进行还原碳化，然后生成 WC 粉末. 该方法常用的烃类化合物有甲烷、乙烷和乙烯，同时也可用 CO、CO_2 作碳源，反应温度一般控制在 400～1 000℃，所制备的碳化钨粉末比表面积通常为 5～200 m^2/g. 美国埃克森研究与工程公司采用该方法制得了比表面积为 30～100 m^2/g 的 WC 和 β - W_2C 粉末.

Stanford 大学的 Boudart 等最早利用程序升温还原法合成了高比表面积的 WC 粉末. 他们通过过渡金属氧化物和碳化气体接触，采用缓慢的升温速率，通过热导池和气相色谱检测反应器出口气体的组成来确定反应的过程和终止反应，从而得到高比表面积的碳化物. 由于所制得的 WC 粉末比表面积很高，在空气中极易发生燃烧，因此在暴露空气前要通入含有微量氧的惰性气体进行表面钝化.

Volpe[76]利用程序升温的"局部规整反应"方法制得氮化钼和氮化钨，然后在甲烷和氢气混合气中发生碳化反应，制得比表面积达55 m^2/g的 β - WC_{1-x}粉末.

1.2.2 还原碳化多步法制备 WC 粉末

1.2.2.1 固定床反应法

该方法是实验室中最早用来制备超细 WC - Co 的方法[77]，其过程如下：

(1) 将 $CoCl_2$ 溶液与 H_2WO_3 溶液混合后加入到乙二胺(en)溶液中，制得前驱体 $Co(en)_3WO_4$.

(2) 将 $Co(en)_3WO_4$ 置于气氛炉内，在 650℃下通 H_2 将它还原成高活性的纳米级 W - Co 复合粉末.

(3) 最后用 CO/CO_2 混合气体在 850℃左右，将这种高活性的W - Co复合粉末原位碳化成 WC - Co. 这种方法可制得粒径为50 nm 的 WC - Co 粉体.

1.2.2.2 原位渗碳还原法

将钨酸和钴盐($Co(NO_3)_2 \cdot 6H_2O$)溶解在聚丙烯腈溶液中，经低温干燥后移至气氛炉内，在 800～900℃的温度范围内，用 90% Ar+10% H_2 的混合气体将之直接还原碳化，可制得粒度为 50～80 nm 的 WC-Co 粉末[78,79]. 该法利用聚合物(聚丙烯腈)作原位碳源，直接用 H_2 一步将前驱体还原碳化成纳米级 WC-Co 粉体. 此外，用聚丙烯腈作原位碳源代替气相碳化，可以缩短反应的扩散路径，使产物具有更好的均匀性. 但所制得的 WC-Co 粉末中通常含有少量未分解的聚合物和游离碳，产物的纯度受反应温度、时间、还原气氛等工艺条件的影响.

1.2.2.3 化学沉淀法

化学沉淀法能制备出分散性好、活性高的钨-钴化合物前驱体，后者在固定床或流化床反应器中还原、碳化可制得超细 WC-Co 复合粉末. Kim 等[80]将偏钨酸铵和硝酸钴进行混合、沉淀，并经喷雾干燥后，再分别在反应器内通入 H_2 和 CO/H_2 进行还原碳化制得纳米级 WC-Co 复合粉体. Zhang 等[81]以仲钨酸铵和氢氧化钴为原料制得 90 nm 的钨-钴前驱体. 曹立宏等[82]用钨酸盐和钴盐为原料制得钨-钴共沉淀化合物，并将其在碳管炉或回转炉中用高纯 H_2 和含碳气体分别在 550～750℃和 850～900℃下还原、碳化制得游离碳少于 0.1%、平均粒径为 0.1 μm 左右的 WC-Co 复合粉末，其反应如下：

$$Na_2WO_4 + 2HNO_3 = H_2WO_4 \downarrow + 2NaNO_3 \tag{1.8}$$

$$H_2WO_4 + 2NH_4OH + Co(NO_3)_2 = CoWO_4 \downarrow + 2NH_4NO_3 + 2H_2O \tag{1.9}$$

采用化学沉淀法可制备出在分子水平上充分混合的超细 WC-Co 粉末，其粒度小、分布均匀、反应活性高，且所用设备简单、工艺过程易控制，但制备过程中易引入其他杂质，生成的沉淀物呈胶体状态，难以过滤和洗涤.

1.2.2.4 等离子体化学碳化法

以 H_2+Ar 作等离子引发剂，C_2H_2 作碳源，在约 3 727℃下，用直流电弧等离子体还原碳化 $CoWO_4$ 可制得平均粒径为 40 nm 的 WC-Co 复合粉末，其制备装置如图 1.5 所示[83, 84]. 这种制备过程可分为三个阶段：

还原阶段 $$CoWO_4 + H_2 \longrightarrow W + H_2O + Co \tag{1.10}$$

碳化阶段 $$C_2H_2 \longrightarrow C + H_2 + C_xH_Y \tag{1.11}$$

$$W + C + Co \longrightarrow WC-Co \tag{1.12}$$

$$W + C \longrightarrow W_2C \tag{1.13}$$

$$W + C \longrightarrow \beta-WC_{1-x} \tag{1.14}$$

$$W + C + Co \longrightarrow Co_3W_3C \tag{1.15}$$

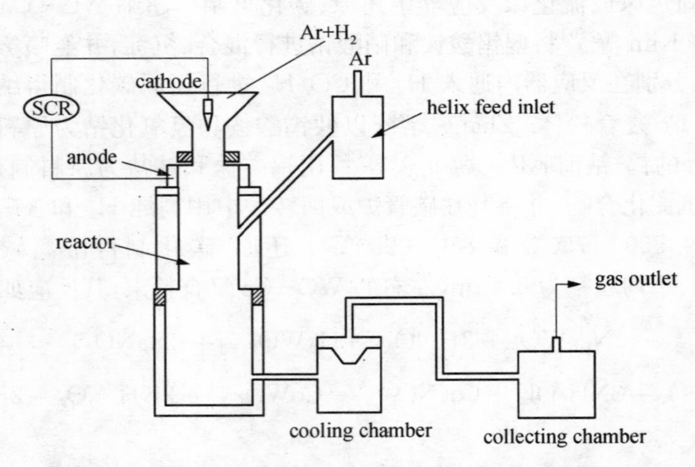

图 1.5　等离子体法制备超细 WC-Co 粉末装置

成核生长(冷却)过程：用冷却技术将所制的 WC-Co 粉末冷却.

该方法实质上是气相法，其基本原理是在高温下使固体原料蒸发成蒸气或直接使用气体原料，经过化学反应，或直接使气体达到过饱和状态，使之凝聚成固态微粒，然后收集得到超细粉末.

等离子体法使用的设备较简单，易操作，生产速度快，所制得的

WC - Co 粉末颗粒均匀，但制备成本较高，且在高温下电极易熔化或蒸发，并导致产物污染.

1.2.2.5　高能球磨法

机械合金化法是纳米材料制备的一条新途径. 这种方法主要是利用高能球磨的机械驱动力，在低温下合成高熔点金属和合金材料. 它可制得常规方法难以合成的新型结构材料.

中国科学院固体物理研究所柳林等用纯度优于 99%的石墨粉和钨粉配成原子比为 $W_{50}C_{50}$ 的混合粉末，在 Ar 保护下将混合粉置于钢罐中，选用 WC 球，用适当的球、粉重量比，在行星球磨机上高能球磨，制得 10 nm 左右的 WC 粉体.

毛昌辉[85]用 Ar 作保护气在 Spex - 8000 高能研磨仪上机械研磨费氏粒径为 2.0 μm 的 WC 和 1.6～1.8 μm 的 Co 粉末，制得近似球形的超细 WC - Co 复合粉末，其中 WC 晶粒的平均尺寸小于 10 nm. Kim 等[86]将仲钨酸铵溶于硝酸钴水溶液中，经喷雾干燥、除盐，再在 750℃的空气中脱水 2 h，然后将该前驱体与碳粉球磨，用 H_2 直接还原碳化，制得 100 nm 的 WC - Co 复合粉. Ban 等[87]以 WO_3、碳黑和 CoO 为原料进行球磨，制得 0.3～0.5 μm 的复合粉末. Ma 等[88, 89]用高能球磨法也制备出了粒径大约为 10 nm 的 WC - Co 粉末.

WC - Co 复合粉末的粒径与研磨时间有关，研磨时间越长，粒径越小. 该法具有工艺简单，无需外部加热，可直接制得 WC 或 WC - Co 复合粉等优点，但其处理量小，磨耗较大，并且所用时间较长，不适于工业化生产.

1.2.2.6　喷雾干燥-流化床法

自 1990 年 Kear 等用喷雾干燥-流化床技术成功地制备出纳米 WC 粉体以后，有关这方面的报道很多[90～97]. 该法一般用高纯的含钨化合物(如偏钨酸铵)和含钴盐类(如硝酸钴、碳酸钴等)按一定比例混合配制成水溶液或乙二胺水溶液，然后将该溶液经喷雾干燥制成钨-钴盐前驱体粉末，其喷雾干燥转变工艺如图 1.6 所示. 由喷雾干燥制得的原始粉末在图 1.7 所示的流化床中经气相还原碳化制得 WC－Co 复合粉体.

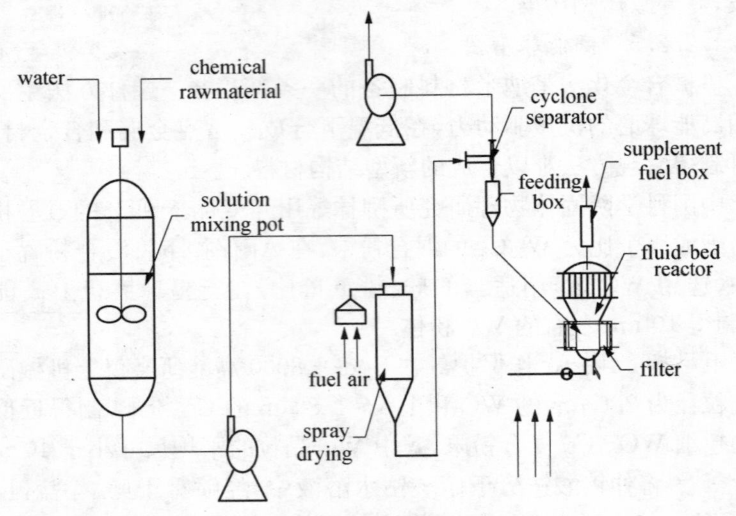

图 1.6 喷雾干燥工艺示意图

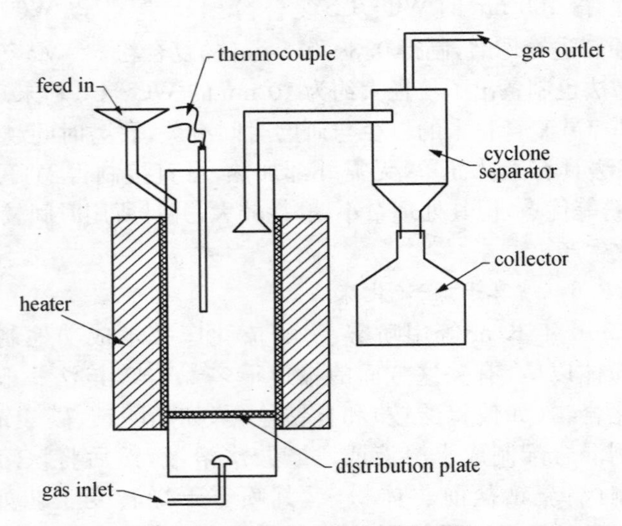

图 1.7 流化床反应器结构示意图

图 1.8 为超细 WC－Co 粉末的整个制备流程，用该工艺可制备出 100～200 nm 的超细 WC－Co 粉末.

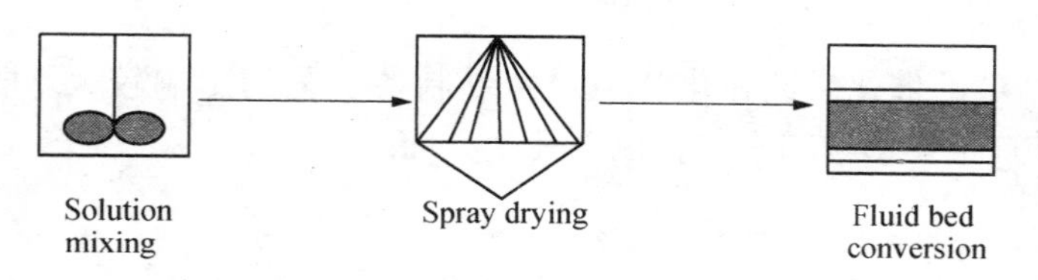

图 1.8　超细 WC－Co 粉末制备流程

在喷雾干燥过程中，干燥塔应具有较高的干燥温度(280～480℃)和较长的干燥时间(>5 s). 此外，喷雾塔应采用逆流式以提高热交换效率，使干粉吸水较少，不易团聚，从而制得细小、均匀的前驱体粉末. 前驱体粉末在流化床中反应的优劣是决定最终粉末质量的关键工序. 流化床中转化效率的高低与还原、碳化时间有关，一般来说，还原、碳化时间越长，氧化物含量越少. 在流化过程中，可用 H_2/Ar、CH_4/H_2、CO/CO_2、CO/H_2 等作为还原气体，还原温度一般在 500～750℃左右，还原时间通常为 1～5 h. 在还原过程中，还原升温速率主要与粉末载量、还原气体活性以及所处的温度范围有关. 一般情况下，装载量越多、活性越低、越接近反应剧烈区域，升温速度应越缓慢. 如果还原气体中含有 CO，则还原和碳化阶段无明显界限，通常 750℃以上为碳化阶段. 如果还原气体中无 CO，则通入碳化气体(如 CH_4、C_3H_8)时，碳化阶段就开始. 温度越低、碳化气体活性越大、碳化时间越短，最终碳化钨复合粉的粒度越细. 因此，根据不同条件，该工艺中碳化温度通常控制在 760～1 000℃，碳化时间一般为 2～7 h. 另外，选择合适的高纯 H_2 流量，可以加速气相传质，抑制碳化钨复合粉颗粒的生长. 在流化过程中，还原气氛及碳化温度的控制是减小碳化钨复合粉粒度的关键.

该法由于过程的连续性以及复合粉与反应气体的充分接触而保持了粉末的高活性，降低了反应温度，使粉末粒径能够保持细小均匀. 此方法具有产品质量稳定、粉末特性易于调整、设备投资少、工艺全流程易实现自动化微机控制等优点，从而有望实现工业化生产.

1.3 碳化钨制备过程中的影响因素

WC的催化活性和化学稳定性受制备工艺的影响较大. 根据文献报道,主要影响因素包括以下几个方面.

1.3.1 制备原料的影响

制备WC的原料有钨、氧化钨和钨酸等. 研究表明[98],以WO_3和W_4O_{11}为原料制得的催化剂活性最好;用钨制备的催化剂活性中等. 钨酸有三种变体,以黄钨酸为原料制得的WC,催化活性较差;以白钨酸为原料可制得活性较好的WC,但白钨酸不稳定,易转变为黄钨酸[99,100]. 锺天耕等[101]以蓝钨和仲钨酸铵为原料制得WC粉末,并以此为催化剂制成防水型氢扩散多孔电极,结果表明该电极对氢阳极反应具有良好的催化活性.

1.3.2 制备方法的影响

传统制备WC的方法是用钨粉和碳黑在1 400～1 600℃高温下混合碳化而制得[102],此方法所制得的WC比表面积一般都很小. 而采用程序升温还原法可制得比表面积较高的WC. Oyama等[103]系统地研究了程序升温法合成过渡金属氮化物和碳化物的条件,他们发现制备不同的金属氮化物和碳化物应采用不同的反应温度,而合成气空速是影响比表面积的关键因素.

陈衍珍[99]在研究WC的电催化性能时发现,碳化过程中还原温度和梯度、氢气和一氧化碳流速以及时间是制备过程中值得注意的因素. 低温碳化时,易产生一种黏附于WC表面的碳黑. 碳黑本身的比电荷很低,粉末表面的电荷主要是WC表面的暴露部分. 而高温制得的样品表面比电荷接近于清洁的WC表面. 表1.3为不同WC样品的性能比较,表1.4～1.6是不同流速、碳化时间和温度对制得的WC比表面积的影响.

表 1.3　碳化钨的性能

No	渗碳温度/℃	比表面/(m^2/g)	电解液 25℃,1 N	动电位曲线		在 0.35 V 比表面电荷/($\mu C/cm^2$)
				极大	极小	
1	750	29	H_2SO_4	—	—	5.5
2	750	5	H_2SO_4	130	370	88
			H_2SO_4	200	320	96
3	750	8.5	HCl	200	350	93
			H_3PO_4	250	395	81
4	1 000	1.5	H_2SO_4	155	330	325
			H_2SO_4	160	360	297
5	1 500	0.08	HCl	190	390	272
			H_3PO_4	210	405	250

表 1.4　不同流速对 WC 样品性能的影响(900℃,碳化 3 h)

No	流速/(L/h)	电位(mV) 30 mA/cm^2	比表面/(m^2/g)
1	1.2	382	2.32
2	3.5	285	2.60
3	9	239	6.08
4	12	277	4.25

表 1.5　渗碳时间对 WC 样品性能的影响(900℃，流速 9 L/h)

No	渗碳时间/h	电位(mV)30 A/cm^2	比表面/(m^2/g)
1	1.5	274	8.16
2	3.5	177	8.40
3	5.5	234	5.90

表 1.6 碳化温度对 WC 样品性能的影响(流速 9 L/h, 碳化 3 h)

No	渗碳温度/℃	电位(mV) 30 mA/cm^2	比表面/(m^2/g)
1	800	382	7.20
2	900	177	8.40
3	1 000	232	5.13

1.3.3 活化过程的影响

WC 在使用前须对其表面进行活化处理，即用 H_2 或者含少量 CH_4 的 H_2 除去 WC 表面的氧及自由碳. 活化过程中，WC 易发生脱碳反应，脱碳程度一般取决于活化温度、H_2 流动速率和活化所持续的时间. 活化参数的调整可改变 WC 表面的组成，进而影响 WC 的催化活性和化学稳定性.

Leclercq 等[104]对 H_2 预处理 WC 表面的最佳温度进行了研究，发现 H_2 流量为 8.16 L/h、温度低于 700℃时，WC 表面上没有产生金属钨；当温度达 750℃时，则有少量钨出现；若处理温度超过 750℃，金属钨析出的量将随着温度的升高而增加；在 800℃下处理 2 h 后，发现颗粒表面虽然有较多的金属钨出现，但 WC 含量仍然保持很高的比率. 如果温度控制在 900℃时，则 WC 几乎完全脱碳转化为金属 W. 研究表明，若要在 WC 活化过程中除去表面的氧和自由碳而不发生脱碳反应，最佳的预处理温度应为 700～800℃，最佳处理时间一般为 5 h.

Delannoy 等[105]研究了 H_2 预处理对 WC 表面组成及反应性能的影响. 他们发现，采用程序升温碳化法制得的 WC，若按表 1.7 的条件进行活化处理，所测得的 WC800 - H_2 和 WC750 - H_2 的表面原子比(C/W)分别为 0.90 和 0.865，这表明两种样品都发生了表面脱碳，而 WC750 - H_2 的脱碳程度更高一些. 他们认为用含少量 CH_4(1～2%)的 H_2 对 WC 进行活化，可避免表面脱碳和聚合态碳沉积的

问题. 三种不同方法处理的 WC 表面 C/W 原子比降低的次序为:

$$WC800-CH_4>WC800-H_2>WC750-H_2.$$

表 1.7　WC 表面预处理试验条件

催化剂型号	进气组成	总流量/(L/h)	温度/℃	时间/h	比表面积/(m^2/g)
WC750 - H_2	H_2	8	750,	5	15
WC800 - H_2	H_2	8	800	5	14.5
WC800 - CH_4	1～2% H_4/H_2	8	800	5	15

此外,他们还研究了经处理的 WC 对一氯五氟代乙烷氢解和异丙醇转化反应的选择性. 结果表明:随着 C/W 比值的降低,一氯五氟代乙烷氢解生成五氟代乙烷的选择性也下降,而生成不饱和化合物和烷烃的选择性则提高. 这说明 C/W 比值越低,酸-碱性则越高. 图 1.9 为异丙醇分解反应的结果. 由图可见,产物的分布主要依赖于催化剂的活化过程,若按照 WC800 - CH_4> WC800 - H_2> WC750 - H_2 的次序排列,丙酮的比例下降,而脱水产物的比例提高. 由此可见,随着表面碳缺陷程度的提高,酸-碱性增强.

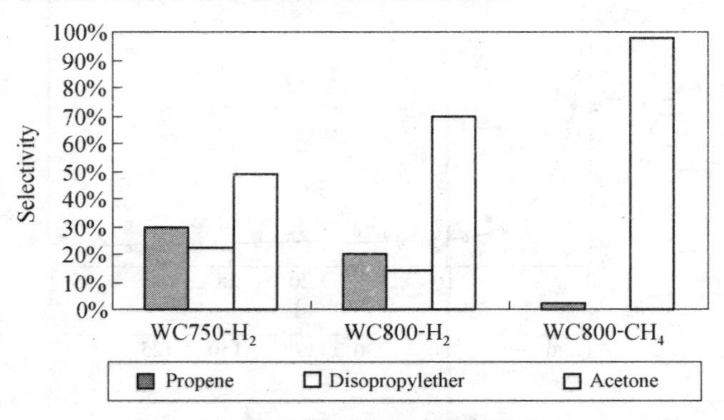

图 1.9　异丙醇分解反应的产物分布图

另外，庄益平[106]也研究了预处理对碳化钨催化正己烷分解反应活性的影响. 结果表明，未经 H_2 处理过的样品（$WC_{1.3}O_{0.05}$）没有催化活性；而在 800℃氢气中经过 5 h 还原所得到的样品（WC），具有较好的催化活性. 进一步的研究发现，未经处理的碳化钨表面被过量碳所覆盖，从而使反应活性中心被屏蔽.

1.3.4 碳化钨晶体结构及粒径的影响

Neylon 等[107]发现，碳化钨的晶格结构对催化活性影响非常大，六方晶系 WC 结构的催化活性是面心立方晶系 WC_{1-x} 结构的两倍，尽管两者有相似的 C/W 原子比.

Petez[108]认为晶粒尺寸的大小可作为描述催化剂表面位置的一种函数，不同的表面位置对吸附的作用不同，从而产生不同的吸附态，导致不同的催化反应和活性.

Palamker[109]指出，光滑 WC 电极的总电容由其粒子尺寸决定，如图 1.10 所示. 图中平均粒子尺寸由下式求得

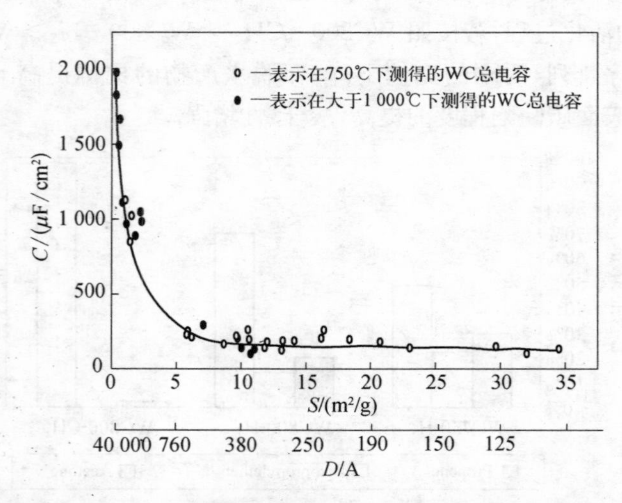

图 1.10 碳化钨的总电容与粒子尺寸(比表面积)的关系

$$D = 6/S\gamma \tag{1.16}$$

式中：γ—WC 的密度，15.8 g/cm^3；S—WC 的比表面积.

由图 1.10 可见，比表面积小的 WC 的总电容比高分散 WC 的总电容大 10～20 倍. 在 5～0.1 μm 范围内，粒子尺寸对总电容的影响很大，即总电容随粒子尺寸减小而减小. 粒子尺寸小于 0.1 μm($S\approx$ 5 m^2/g)时，总电容随粒子尺寸的变化很小.

1.3.5 自由碳和碳缺陷的影响

人们很早就发现[110]，WC 表面若存在自由碳将影响其催化性能达一个数量级之多，并导致 WC 严重失活.

Santos 等[111]在用 WC 催化分解联氨时发现，由于自由碳的存在导致 WC 比表面积降低了 48%，从而阻止了联氨的分解. 在 40℃下，表面存在自由碳的 WC 对联氨的分解反应没有催化活性. 在 727℃下通 H_2 1.5 h 除去自由碳后，WC 在 40℃下即可将联氨催化分解为 N_2 和 NH_3.

Delannoy 等[112]则指出，存在非化学计量碳缺陷的 WC 表面比化学计量的 WC 表面具有更强的氧气吸附能力，易形成碳氧化合物. 表面碳缺陷程度越高，WC 所具有的酸-碱特性越明显.

1.3.6 氧含量的影响

WC 的催化活性和选择性受其表面含氧量的影响很大. Ribero[113,114]和 Iglesia 等[115,116]发现，化学吸附的氧会降低 WC 催化烷烃氢解反应的活性，但是可提高异构化反应的选择性，其主要原因是 WC 在催化反应过程中具有双功能特性，即在 WC 表面上具有两种表面位，一是由于 WC 结构内有氧存在所表现出的酸位，二是 WC 内钨存在所表现出的金属位.

由于 WC 结构内氧的介入使 WC 催化剂在反应过程中具有提高异构化反应选择性的功能. 因此，在实际体系中，可以将 WC 暴露于适量的氧气中，使其轻度氧化，从而改进 WC 催化剂的反应特性.

Liu 等[117]研究了 WC 暴露在氧气中时温度对其性能的影响. 他们发现，经氧气氧化改性的 WC 的催化活性主要依赖于 WC 暴露于氧气时的温度. 研究表明，在 627℃温度下经氧气处理的 WC 可提高环己烯氢解生成苯的选择性，其值高于未经氧化改性的 WC 或 Pt. 而在低温下（<327℃）经氧气氧化处理的 WC 对环己烯氢解和分解反应的催化活性不高. 他们认为不同温度下氧化处理的 WC 催化活性不同的原因在于氧与 WC 结合部位不同.

Hemming 等[118]发现采用新鲜的 WC 对正己烷异构化和脱氢反应没有催化活性. 若通过化学吸附法在 WC 内引入 WO_x 位，用 Bronsted 酸位取代 WC_x 位，此酸位对链烃和环烷烃的裂解反应具有催化作用.

庄益平[106]研究了预处理对碳化钨催化正己烷反应性能的影响，其结果见表 1.8. 表中 Cat1 为未经 H_2 处理的样品，Cat2 为经 800℃ H_2 还原 5 h 的样品. Cat3 为在 360℃下暴露于 10 mL/min 的 10% O_2/Ar 中 5 min 后的样品. 由表可见，Cat3 的催化性能发生了很大的变化：裂解的选择性仅为 5%，而异构化选择性增至 65%，对 C6 烯烃的选择性也有较大幅度的增加，但总的活性有所下降. 这表明氧的吸附可能使碳化钨的表面积减小，氧化碳化钨的表面积增大，裂解反应发生在碳化钨表面上，而异构化和 C6 烯烃的反应则与氧化碳化钨的表面有关. 然而，在常温下将氢处理过的碳化钨暴露于空气中一年后，发现其催化活性比原样品增加了 10 倍，异构化和裂解反应的选择性都有增加，但 C6 烯烃反应的选择性则接近于零. 他们认为，这可能是由于催化剂活性位的性质发生了变化. 由于碳化钨表面存在大量的氧导致氧化钨形成，使表面具有强酸性，从而使反应物在碳化钨上发生脱氢和加氢反应，而在酸性位上则进行异构化反应. 他们认为，以氧化钨为原料制得的碳化钨表面存在微量的氧，由于表面氧的存在使烷烃异构化反应得以顺利进行；氧的存在形式取决于烷烃异构化反应机理，在氧化碳化钨相上，烷烃异构化主要通过类金属环丁烷中间体来完成,它的特点是烯烃产物选择性高;随着 WC 表面氧含量的增加和氧化钨的形成,烷烃异构化反应则主要通过双功能机理来完成,即烷烃在碳化钨表面上进行脱氢和加氢反应,又在氧化钨表面上进行异构化反应.

表 1.8　碳化钨预处理对正己烷反应的影响

Sample	Activity/ (10^{-10} mol/ (g · s))	Selectivity/%		
		Cracking	Isomerization	C6 alkene
Cat1($WC_{1.3}O_{0.05}$)	0	0	0	0
Cat2(WC)	85	68	18	14
Cat3(WCO_x)	56	5	65	30
Cat4($WC_{0.4}O_{0.4}$)	850	21	78	1

Reaction conditions: $T = 382$℃, $p(H_2) = 92 \times 102$ Pa, $p(n\text{-}C_6H_{14}) = 12 \times 10^6$ Pa

Ross 等[119]发现,对于酸性电解液中氢的电氧化反应,缺碳含氧的碳化钨的电催化活性远大于化学计量的碳化钨. 对氢的化学吸附和氧化,必须考虑真实的活性表面或活性中心. 活性表面除钨和碳外,还应包括氧. 在酸性电解液中,在 0～0.3 V 的阳极电位下,化学计量 WC 的电极表面是稳定的;但大于 0.3 V,碳化钨表面将发生氧化;电极电位在 0.6 V 时,缺碳含氧的 WC 表面是稳定的;氧取代碳,以 W—O 共价键的形式存在,稳定了碳化物表面,降低了氧化活性. 因为在酸性电解液中,WC 氧化须经过与电解液中 H_2O 分子的化学反应过程,W—O 共价键可能减弱了 H_2O 分子和 O－W－C 中心的相互作用,而对被吸附的 H_2 分子能更有效地与 H_2O 分子竞争,使 H_2 分子的氧化速度在 O－W－C 中心比在 C－W－C 中心更快.

1.4　碳化钨制备过程中的反应机理

掌握 WC 制备过程中的反应机理对制备高活性的 WC 催化剂具

有重要的意义. 通过控制工艺条件,可制备出不同的碳化钨物相,同时可探讨不同的 WC 反应机理.

碳化钨通常采用钨酸与一氧化碳气体在高温下反应制取. Ross 等[120]认为反应过程中, CO 先将 WO_3 还原成 W,然后 CO 发生歧化反应析出碳,碳再渗入钨形成 WC;Böhm 等[121]还认为渗碳过程中可能存在 W_2C 这一中间产物. 杨祖望等[122]以钨酸为原料,验证了存在中间产物 W_2C 的结果,生成 WC 的反应机理可能如下:

$$H_2WO_4 \longrightarrow WO_x + H_2O + \frac{(3-x)}{2}O_2 \quad (2 \leqslant x \leqslant 3) \tag{1.17}$$

$$WO_x + xCO \longrightarrow W + xCO_2 \tag{1.18}$$

$$2CO \longrightarrow CO_2 + C \tag{1.19}$$

$$2W + 2CO \longrightarrow W_2C + CO_2 \tag{1.20}$$

$$2W + C \longrightarrow W_2C \tag{1.21}$$

$$W_2C + C \longrightarrow WC \tag{1.22}$$

图 1.11 为生成碳化钨的渗碳反应模型[120]. 该模型描述了 WC 外表面和一个以 WO_3 为中心的碳化钨晶体在渗碳过程的中间步骤. 一氧化碳在 WC 或 W 表面催化分解成碳,碳和氧按计量扩散穿过

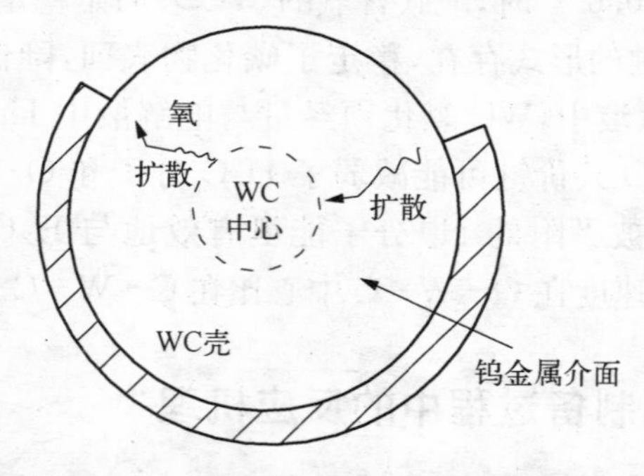

图 1.11 钨酸碳化过程的理想渗碳模型

WC覆盖层,碳与金属钨反应,氧在游离碳介面反应或与气相 CO 作用形成 CO_2. 因此清洁 WC 表面(1.θ)与碳覆盖 WC 表面(θ)的比率正比于碳在 WC 相扩散速率与碳生成速度常数的比率. 清洁表面和碳覆盖表面的比率将随温度升高而增加. 因此,在 WO_3 中心和 WC 壳之间的介面上存在一个 W_2C 的中间过渡态,此处可发生氧的取代反应.

1.5 碳化钨催化剂的主要应用

1.5.1 碳化钨催化剂在加氢反应中的应用

Kojima 等[123]发现 WC 对乙烯加氢反应具有很高的催化活性,而且反应所需温度比以 TaC 和 TiC 为催化剂时低. Costa 等[124]研究了有 H_2S 存在时负载型碳化钨和碳化钼对 1,2,3,4-四氢化萘加氢反应的催化性能. 结果表明,WC/Al_2O_3 具有和 Pt/Al_2O_3 类似的催化活性,Pt/Al_2O_3 在 H_2S 作用下易中毒失活,而 WC/Al_2O_3 催化剂在 H_2S 气体中失活速率较慢,如图 1.12 所示. 这一实验结果表明,WC 具有不易受硫中毒的特性,在石油工业中有望成为芳香族化合物加氢反应的催化剂.

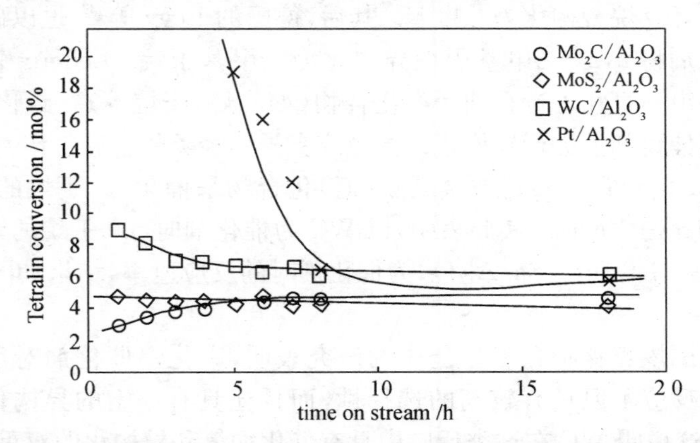

图 1.12 H_2S 存在下, 1,2,3,4-四氢化萘在不同催化剂中的加氢速率

在研究加氢和脱氢反应的过程中,人们还发现碳化钨是很好的噻吩加氢脱硫反应催化剂[125],同时也是良好的加氢脱氮反应催化剂.加氢脱硫脱氮反应在整个催化加氢精制领域占有重要的地位,因此,碳化钨催化剂在降低成品油中硫、氮等成分方面具有十分良好的应用前景.

另外,碳化钨对加氢脱卤反应也具有良好的催化活性. Delannoy等[112]研究了Ⅵ族过渡金属碳化物对卤代烃加氢脱氯反应的催化活性.实验表明,WC具有催化氢化脱氯和脱氟作用,对五氟代乙烷具有和Pd催化剂相似的选择性,WC对C-Cl键的氢解具有很高的活性,其活性可与Pd的活性相当.考虑到含氯氟烃化合物对臭氧层具有破坏作用,因此WC的加氢脱卤作用对环境保护具有非常重要的意义.

1.5.2 碳化钨催化剂在异构化反应中的应用

早在1970年,Muller等[126]即已对350℃下钨膜催化分解1,1,3-三甲基环戊烷的反应进行了研究.结果表明,反应开始时发生的是完全分解反应,产物为甲烷和少量乙烷,在几分钟的诱导期过后,三甲基环戊烷芳构化为二甲苯.其后,德国的Levy等[39]也以碳化钨为催化剂将2,2-二甲基丙烷异构化为二甲基丁烷. Ledoux领导的研究小组一直在进行石油烃类化合物(如乙烷、庚烷等)在碳化钨、碳化钼等催化剂上进行异构化为芳烃或支异构烃类的研究工作[127].

Neylon等[128]以过渡金属碳(氮)化合物来催化n-丁烷的加氢、脱氢和异构化反应.实验表明,以WC为催化剂时,n-丁烷的转化速率明显高于以Pt-Sn/Al_2O_3为催化剂时的反应速率,结果如图1.13所示.

美国埃克森研究工程公司的研究表明,碳化钨催化剂对季戊烷的氢解反应不但具有较高的选择性,而且还具有一定的异构化催化活性.这说明WC在这类反应中具有催化加氢和异构化的双重功能.此外,在烷烃脱氢和烯烃加氢的反应中,WC也具有较高的催化活性.

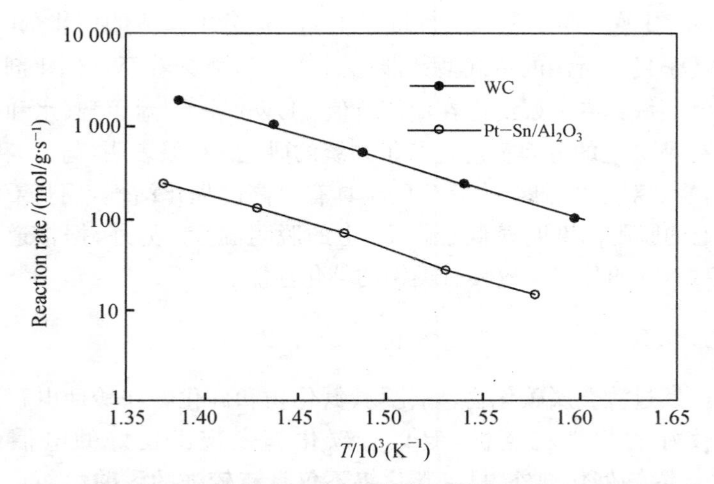

图. 13　Ⅴ和Ⅵ族过渡金属碳化物催化重整丁烷的 Arrhenius 曲线

1.5.3　碳化钨催化剂在制备合成气中的应用

York 等[129]和 Claridge 等[130]发现，在甲烷经蒸汽转化、干法转化或部分氧化制备合成气的过程中，碳化钨和碳化钼也是一类高效的催化剂. 这些碳化物的催化活性可与铱、镥等催化剂的催化活性相比，其转化率和产物收率与热力学平衡的计算结果相符，而且没有积碳现象产生.

York 等[129]的研究还表明，碳化钨和碳化钼这类催化剂可用于芳烃化合物的生产. 他们发现在高温高压下甲烷与氧反应可得到乙烷和乙烯. 此外，碳化钨和碳化钼还可以用于甲醇合成、费-托合成或氨合成等.

1.5.4　碳化钨催化剂在分解反应中的应用

Santos 等[111]研究了 WC 催化分解 N_2H_4 的反应，所得产物为 N_2 和 NH_3. 实验发现，采用 WC 作催化剂，N_2H_4 分解所得结果的数量级与商业催化剂相同. 由巴西、法国等几个国家组成的国际研究小组也发现,用WC作小型火箭推进器中 N_2H_4 分解反应的催化剂时,其性能优于目前所用的负载型铱催化剂[131]. 这意味着WC催化剂在空间科学领域具有较好的潜在应用价值. Hwn等[132]对甲醇、水和二氧化碳在WC上的分解反应进行了系统的研究. 结果表明,与Pt和Ru相比,WC对甲醇和水的分解反应具有更高的催化活性,而且CO在WC上的脱附温度明显低于在Pt上的脱附温度. 另外,据报道[133],WC对NO的分解反应具有类铂的催化性能.

1.5.5 碳化钨在电催化反应中的应用

虽然过渡金属碳化物、硼化物、氮化物和硅化物在酸性电解液中都有较好的化学稳定性,但只有碳化钨表现出良好的电催化活性[134]. 除铂催化剂外,只有碳化钨不仅具有较强的耐酸性而且还有良好的导电性[135]. 因此碳化钨不但可作为酸性燃料电池的电催化剂,而且也适用于电解中的电极材料.

由于WC在酸性介质中对氢的阳极氧化反应具有良好的催化活性,而且还具有很好的化学稳定性,以及比铂等贵金属更强的耐CO、S等中毒的性能,因此已被成功地用作酸性燃料电池中廉价和稳定的催化剂. 由碳化钨阳极和活性碳阴极组成的燃料电池,可直接使用甲醇裂解气作燃料,且无需维护,其寿命可达30 000 h.

Ross等[136]曾将碳化钨作为酸性燃料电池的氢阳极催化剂. 同时,人们为了克服铅酸蓄电池中贵金属污染电池的活性成分、自放电和易形成硫酸盐等的缺点,近来有较多报道采用WC作为铅酸电池中氢气和氧气电化学复合反应的辅助电极[137~143],以除去电池中产生的过量氢气和氧气.

锺天耕等[101]发现,WC作为催化剂的防水型氢扩散电极对氢阳极反应具有良好的催化性能. 表1.9列出了WC与其他金属材料作为氢电极时相对催化活性[136]. 由表可见,WC的催化活性高于金和石墨,但仍达不到铂的催化活性.

表 1.9　各种催化剂对 H_2 电氧化的相对活性的比较(25℃)

催化剂	Pt	Rh	Ru	WC	Au	石墨
相对活性	1	0.5	7×10^{-2}	10^{-4}	5×10^{-5}	$<10^{-6}$

Mcintyre 等[144]也用 WC 来催化燃料电池中 H_2 的阳极氧化，并考察了 CO 对 H_2 氧化反应的影响．结果表明，WC 对 H_2 的电氧化具有较好的催化活性，CO 的存在，仅仅使 H_2 的氧化反应速率降低了2%～6%；而用铂作电催化剂时，100 ppm 的 CO 就能使燃料电池的输出电流降低 80%．据早期的文献报道，WC 对任何含量的 CO 都具有“完全的抵制”能力[145]或具有“免疫力”[146, 147]．杨祖望等[148]以碳化钨为活性组分制成用于氢-氯燃料电池体系的半疏水多孔电极，发现碳化钨对氢阳极氧化反应具有较高的电催化活性和化学稳定性.

碳化钨对甲醇的电催化活性曾引起过争议．Bronoel 等[149]的研究表明碳化钨和碳化钼对甲醇的阳极氧化具有显著的电催化活性．而 Barnett 等[150]的实验结果则表明 WC 对甲醇的电氧化无催化活性．这是由于 WC 的催化活性除了与电子特性有关以外，还与它的表面状态有关，用不同的制备方法得到的 WC 表面成分和比表面积不同，将导致其对甲醇电氧化反应的催化活性存在差别．Nakazawa 等[151]提出了 WC 对甲醇电氧化反应的催化机理，如图 1.14 所示.

六面体碳化钨最外层的碳带部分负电荷，而甲醇中的碳带部分正电荷，根据 Coulomb 定律，碳原子和氢原子相互吸引，使得甲醇中 C—H 键变弱，导致甲醇脱氢，从而发生氧化反应．现在普遍认为 WC 对甲醇电氧化具有一定的催化活性，但活性不是很高.

六面体碳化钨最外层的碳带部分负电荷，而甲醇中的碳带部分正电荷，根据 Coulomb 定律，碳原子和氢原子相互吸引，使得甲醇中 C—H 键变弱，导致甲醇脱氢，从而发生氧化反应．现在普遍认为 WC

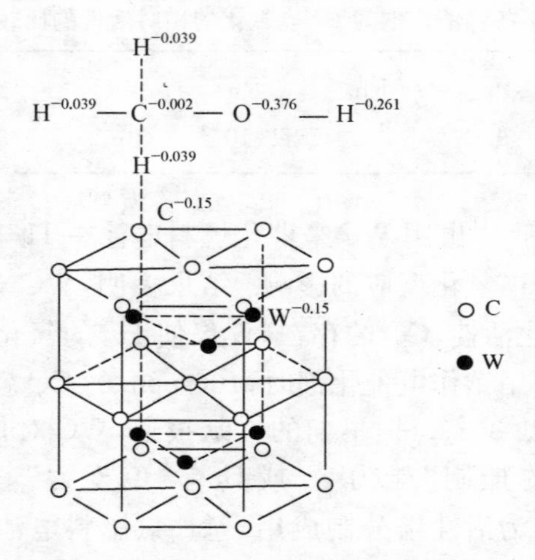

图 1.14 甲醇在 WC 电极上发生的电氧化反应结构模型图

对甲醇电氧化具有一定的催化活性，但活性不是很高.

1.5.6 碳化钨催化剂在电解中的应用

Nikolov 等[152]用 WC、PTFE 和造孔剂（Na_2SO_4）制成用于电解硫酸溶液制氢的多孔电极，在－200 mV(vs. DHE)的极化电位下，阴极电流达 200 mA/cm^2；在 200 mA/cm^2 的电流密度下运行 4 000 h，电极的极化电位没有明显的升高.

早在七十年代，Vértes 和 Horányi[153～155]就报道了 WC 作为催化剂的有机化合物液相加氢反应，所研究的有机化合物包括芳香族硝基化合物、芳香族亚硝基化合物、脂族硝基化合物和苯醌等. 他们认为这些反应的机理是氢的离子化和由此导致的电子转移而发生的还原反应. 他们认为：在无氢的情况下，有机化合物可通过介入质子和电子发生电还原反应. 以沉积到铂片上的 WC 粉末为电催化剂催化对硝基苯酚电还原反应时，也得到了相似的结果，其极化曲线如图 1.15 所示.

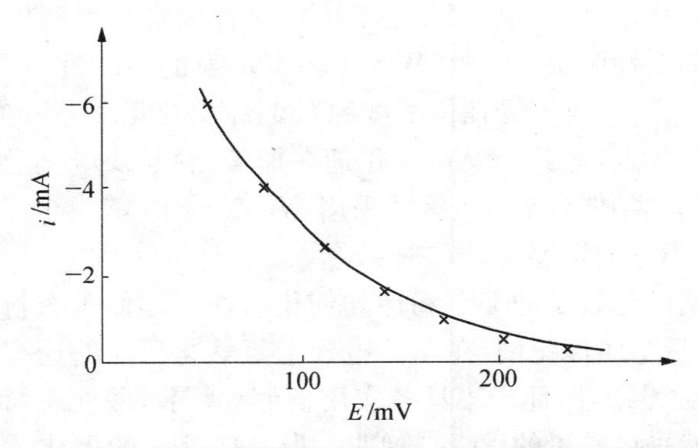

图 1.15　在 70℃下，在碳化钨粉末上，对硝基苯酚的极化曲线

Horányi 等[156]在 70℃下用 WC 催化加氢电还原 H_2SO_4 分子，得到的产物为 SO_2、H_2S 和 S，整个过程由一对电化学步骤组成：

$$H_2 \longrightarrow 2H^+ + 2e \tag{1.23}$$

$$H_2SO_4 + 2H^+ + 2e \longrightarrow H_2SO_3 + H_2O \tag{1.24}$$

式(1.24)过程可用如下反应表述：

$$H_2SO_4 \longrightarrow SO_3 + H_2O \tag{1.25}$$

$$SO_3 + 2H^+ + 2e \longrightarrow SO_2 + H_2O \tag{1.26}$$

因此，S 是 H_2S 和 SO_2 相互作用的产物. 后来他们又用相似的方法，以 WC 为催化剂，加氢电还原 HNO_3、HNO_2、NH_2OH[157]，在总还原反应中，三种反应物均转化为 NH_3.

1.6　本论文的选题与意义

综上所述，碳化钨(WC)是一种性能优良的非贵金属催化材料，在有机合成领域，WC 对芳香族硝基化合物、芳香亚硝基化合物、脂肪族硝基化合物、醌、烯烃的加氢反应和碳氢化合物的重整反应等均具有良好的催化活性；在电化学领域，WC可作为酸性燃料电池氢阳极和电解中的活性阴极. 此外，WC还具有很强的耐酸性、良好的导电性和电催化活性，且不受任何浓度的CO、烃类及几个ppm的H_2S等毒物中毒的优点，尤其是WC催化剂在加氢、脱氢及电化学反应中表现出优良的类铂催化活性. 因此采用WC替代Pt等贵金属催化剂的研究，具有很好的发展前景和现实意义.

目前国内外研制的WC粉体的催化活性仍远低于燃料电池中常用的Pt等贵金属催化剂，在WC电极上氢氧化反应的速率常数要比Pt小2个数量级，因此尚不具备实用价值. 目前，酸性燃料电池的电催化剂仍然采用昂贵的Pt，如何进一步提高WC的催化活性是其实用化的关键.

根据催化理论，若要提高WC的催化活性，必须进一步降低WC的粒径及改进WC的结构形貌；近年来对WC催化剂的研究表明，采用CVD制备的超细颗粒WC膜具有与Pt相同数量级的电催化活性. 由于纳米级超微粒子具有高比例的表面原子、高比表面积和高表面能，因此其活性及选择性都高于同类型的传统催化剂. 目前，国际上已开发成功的纳米级Ni、Cu、Zn混合加氢催化剂，在相同的使用条件下，其催化活性要比常用的Raney Ni高5～10倍. 因此，根据这一思路，若将WC催化剂多孔化或纳米化，有望大幅度提高其电催化活性. 当前，国际上开发的纳米碳化钨材料主要应用于硬质合金领域，而对其在酸性燃料电池中电催化活性以及有关电催化机理、表面与界面状态、微观缺陷及其与电催化性能之间的关联等研究工作至今尚未见报道，尤其是国内很少有报道涉及WC催化材料制备方面的研究，这无疑对我国WC催化剂的研究、开发和应用是不利的.

另外，我国是钨资源大国，钨储藏量占全世界总储藏量的55%以上，如何综合利用我国丰富的钨资源，提高其科技含量，研制和开发出高附加值的钨系列产品，这对我国在21世纪的发展具有重要的意义. 因此，本研究拟采用喷雾干燥、气-固反应法制备碳化钨催化材料，并结合XRD、SEM、XPS、TG/DTA等材料分析手段，揭示碳化钨催化材料的成相规律、晶体结构及相组成、显微结构、缺陷组态及界面状态等特性，同时采用循环伏安法、恒电流充电法等电化学分析手段，详细研究 WC 在酸性介质中的稳定性和对氢阳极氧化反应的催化活性以及与微观结构、界面状态等之间的关联，为碳化钨催化材料的研制和开发提供基本的理论依据，为我国更好地开发利用钨资源提供翔实的试验结果和理论基础.

第二章　碳化钨粉体的制备与表征

2.1　引言

碳化钨是钨碳化物的总称．已知化学计量的化合物有：WC_2、WC、W_2C；非化学计量的化合物有 WC_{1-x}（$x=0.18\sim0.42$）[158]．其中，WC 和 W_2C 作为电催化材料的研究早已有文献报道[159, 160]．碳化钨的制备方法有元素熔融法、熔盐电化学沉积法以及钨、氧化钨或钨酸与含碳气体高温反应法等．不同的制备方法和工艺条件对碳化钨的活性有十分显著的影响．如，采用元素熔融法制得的化学计量 WC，几乎没有催化活性．因此，研究和优化碳化钨的制备方法及工艺条件，制得具有高催化活性的碳化钨，是这种新型催化材料开发研究过程中的基础课题．

本工作采用黄色钨酸（H_2WO_4）和一氧化碳（CO）经高温反应来制备碳化钨．反应过程中，H_2WO_4 在 CO 热气流中焙解形成蓝色氧化钨，而后发生还原和渗碳反应形成碳化钨粉末．

2.2　制备装置与实验方法

2.2.1　间歇式制备方法

间歇式制备碳化钨的实验装置如图 2.1 所示．碳化钨催化剂的制备过程按以下步骤进行：

（1）称取 30 g H_2WO_4 平铺在石墨舟上，推入石英管反应段，然后向石英管中通 CO 40 min，以驱除反应管内的空气．

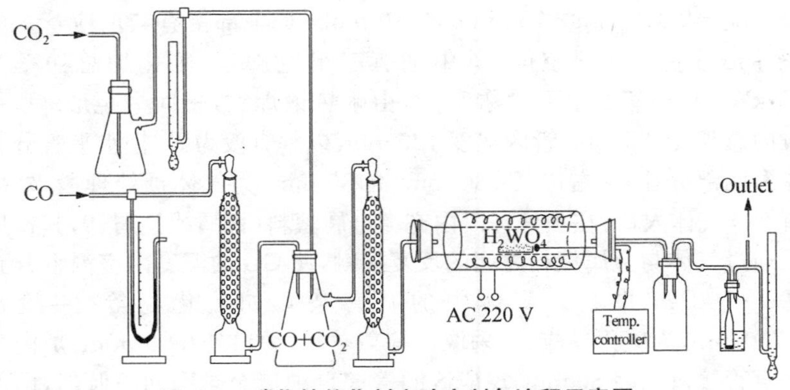

图 2.1　碳化钨催化剂实验室制备流程示意图

(2) 将 CO 和 CO_2 按 10∶1 的体积比调配成反应气源. 通常 CO 和 CO_2 的流量分别为 480 mL/h·(g H_2WO_4)和 48 mL/h·(g H_2WO_4). CO 由甲酸和硫酸反应制取：在 5 000 mL 烧瓶中装入 600 mL 甲酸，再滴入浓 H_2SO_4 即可制得 CO；CO 流量通过调节反应温度和浓 H_2SO_4 的滴加速度来控制. 实验中的 CO_2 由 CO_2 钢瓶供应.

(3) 先向反应管中通反应混合气 5 min，然后打开管式炉电源开始加热. 先升温至 500℃，恒温 1 h，以除去钨酸中的结晶水；然后，升温至 750℃，恒温反应 12 h. 体系温度由电阻炉控温器和热电偶联合控制.

(4) 反应完毕后，停止加热，在保持通入反应气体的条件下，迅速将石英管反应段移至炉外，用电风扇吹风冷却至室温；然后关闭气源，取出样品，装入磨口瓶中密封保存.

2.2.2　连续式制备方法

通过 CO 与 H_2WO_4 在高温下连续反应制取碳化钨粉体的碳化炉结构如图 2.2 所示. 该碳化炉壳体 1 呈箱形，由可分解的上、下两半构成，壳内衬硅酸铝耐火纤维板和轻质耐火砖，外形尺寸：长×

高×宽=2 016 mm×758 mm×710 mm. 炉中部留有与反应管 2 的尺寸相适应的加热空间,其中铺有三组电炉丝,碳化炉总功率为 15 kW. 反应管 2 呈不对称 T 形,由耐热钢焊制,断面呈矩形. 水平方向总长 2 126 mm,管内宽度 120 mm,以垂直段为界,把水平管分为左右两部分,图中右段长 330 mm、高 80 mm,为气体预处理段,外接有 CO 气体入口;在预处理段内充填金属填料(铜屑或铁屑)9,其作用是通过气体与金属填料之间的反复接触,使 CO 的温度由室温上升到 400~500℃,并除去气体中的有害杂质如硫化物等;左段长 1 700 mm,为碳化反应区,采取不等高空间,炉口处高 40 mm,炉内与垂直管接口处高 80 mm,反应区的管壁自炉口至炉内向下倾斜,内部可容纳 12 只石墨舟,反应区有效长度约 1 440 mm;反应区的左端连接反应尾气出口 8 和石墨舟入口 4,当旋塞打开时,装有钨酸的石墨

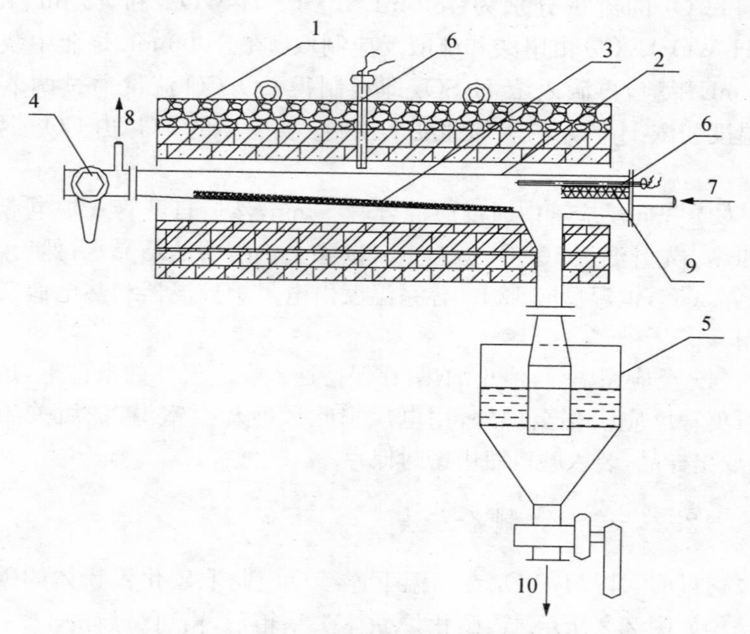

图 2.2　碳化钨连续制备装置主体碳化炉结构图

舟可由此推入炉内;T形管的垂直段为下料管,呈不对称倒锥形,下端用可折式法兰与扩形管连接,扩形管插入受料水槽5中,使反应管内维持一定的压力. 其中,受料水槽5由聚氯乙烯板焊制呈漏斗形,下部带玻璃钢放料阀;反应器配备自动控温系统,温度波动范围控制在±20℃.

实验过程中,CO气体从图中T形管的右端输入,经过预处理段,再与逆向推进的固相物料(H_2WO_4)反应后,在右端排出尾气. H_2WO_4粉末铺装在石墨舟内,按一定时间间隔,分批通过旋塞4推入炉内,急速升温至400~500℃,并与反应混合气发生反应;当石墨舟继续向炉中推移时,温度逐渐升高到800℃左右. 在此过程中,先后发生H_2WO_4焙解、还原、渗碳等过程,最后通过下料管落入受料水槽,使新生成的碳化钨急冷降温,得到黑色浆状物料,经干燥处理后,即为碳化钨粉末催化剂样品.

该方法的主要工艺条件为:钨酸,含水量7%~15%,工业品或轻质钨酸;CO流量1.5~3 m^3/h;固相物料停留时间9~12 h;物料入口处温度400~500℃;中部壁温(850±20)℃;反应区入口气体温度400~600℃.

2.2.3 与国外制备方法比较

图2.3是美国Böhm等发明的碳化钨粉末制备装置的结构示意图[2],其制备工艺如下:先将一定量的轻质钨酸铺装在反应器内,再密闭反应器,并用CO和CO_2冲洗反应器10 min,再将反应器推入马弗炉内,先加热至670℃,再缓慢降至620℃,以除去钨酸中的全部水分,然后再进行氧化钨的还原、碳化. 在反应过程中,按Boudouard平衡调节原理控制CO、CO_2和C之间的平衡,使氧化钨还原的速率低于碳扩散进入钨的速率,但是比气相中碳的析出反应要快. 反应16 h后,将反应器从炉内移出,继续向反应器内通入混合气体,并用风扇冷却反应器,使其在1 h内降至室温.

从上述制备过程和装置可以看出,Böhm等提出的碳化钨制备方

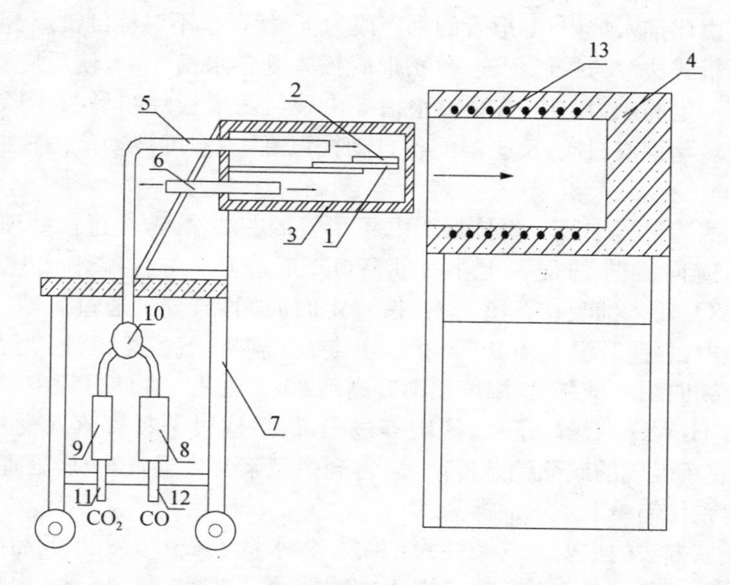

图 2.3　美国 Böhm 发明的碳化钨粉末制备装置结构示意图[2]

法虽然有其独特的方面，但也存在一些问题，如：(1) 该装置采用间歇制备方法，无法连续生产，效率较低，只适合于实验室研究工作；(2) 这种方法需要严格控制两种原料气 CO 和 CO_2 的比例，才能有效地生成碳化钨，控制系统较为复杂；(3) 该方法的核心是控制一定的工艺条件使氧化钨还原的速率比碳扩散慢，气相中碳析出反应要快，以此可制得具有碳缺陷的碳化钨，并可避免在碳化钨表面上沉积游离碳，从而达到高催化活性的目的. 但这种模式过于理想化，工艺条件太苛刻，推广应用难度较大.

相比而言，本工作提出的制备方法有连续式和间歇式两种，在碳化钨制备过程中分焙解、还原、渗碳三个阶段完成，尤其是连续式制备碳化钨的方法，不但体系易于稳定，生产效率较高，更重要的是碳化操作可按一定脉冲间隔连续进行，产品质量稳定、可靠.

2.3 碳化钨的化学分析、物相组成和比表面

2.3.1 总碳和游离碳含量测定

碳化钨样品的常规化学分析主要包括总碳和游离碳含量的测定.

(1) 总碳含量测定：在管式炉中放入一定量的碳化钨试样，使之在800℃的氧气流中充分燃烧，将生成的二氧化碳气体用氢氧化钾溶液吸收，通过定碳仪量气管测定体积的减少量可求得样品中的总碳含量.

(2) 游离碳含量测定：将碳化钨样品用浓硝酸和浓氢氟酸进行分解反应，待样品中的化合碳完全分解，然后将不溶的游离碳与化合碳分开，再用定碳仪测定其游离碳含量.

2.3.2 XRD分析

样品的物相组成采用X射线衍射仪(XRD)分析测定，测试在Philips X'pert MPD衍射仪上完成，测试时采用CuKα辐射，以连续扫描方式采样，扫描速度为4°/min，2θ为0°～120°. 由XRD谱图对照标准卡片确定α-WC主峰的d值分别为1.87 Å、2.51 Å、2.83 Å；W_2C主峰d值分别为2.28 Å、2.60 Å、1.35 Å.

化学计量WC的碳重量百分率一般为6.12 %；化学计量W_2C的碳重量百分率为3.12 %. 根据化学分析测定的总碳和游离碳含量，通过二者之差可求得化合碳的含量，并与XRD谱图所确定的物相组成对照，可以推算出WC试样中主体物相的百分含量.

2.3.3 BET比表面测定

碳化钨试样的BET比表面由ST-03型比表面测定仪，配合F-1102B数字积分器，以H_2为载气、N_2为吸附质，用连续流动法测定.

表 2.1 汇总了 WC－1、WC－2 和 WC－3 三个碳化钨试样的主物相组成、总碳、游离碳含量和比表面测定的结果. 由于这三个碳化钨试样的制备工艺条件不同,所生成碳化钨样品的主物相组成、总碳含量、游离碳含量和比表面积的结果有较大差异. 表 2.2 给出了碳化钨主物相为单相的比表面积、比孔容、平均孔半径的测定结果.

表 2.1　碳化钨的物相、化学组成、比表面

Sample No		WC－1	WC－2	WC－3
Main phase		α－WC	W_2C	α－WC
Chemical composition W/O	Total carbon	4.46	2.66	6.9
	Free carbon	0.26	0.46	1.9
	Main phase	69	71	82
BETspecific surface area/ (m^2/g)		21	8.4	30

表 2.2　碳化钨的比表面、比孔容、平均孔半径

No	Specific surface area S/(m^2/g)	Specific pore volume Vg /(cm^2/g)	mean pore radius r/Å
C－4	26.73	0.06	42.2

图 2.4 是碳化钨试样的 XRD 谱图,其中图(a)为碳化过程中温度控制在 500℃时生成的中间产物,其主物相为 W;图(b)为碳化温度控制在 700℃时生成的产物,其主物相为 W_2C;图(c)为碳化温度控制在 750℃时生成的产物,其主物相为 WC. 由此可见,碳化过程中控制不同的反应温度可生成不同相组成的产物. 另外,若改变压力、CO/CO_2 流量、碳化时间等反应条件,也会直接影响到所制得碳化钨样品的相组成,如图 2.5 和表 2.3 所示.

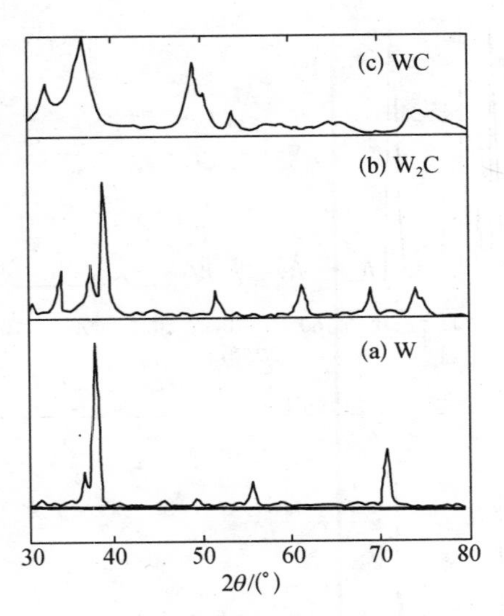

图 2.4　碳化钨样品的 XRD 谱图

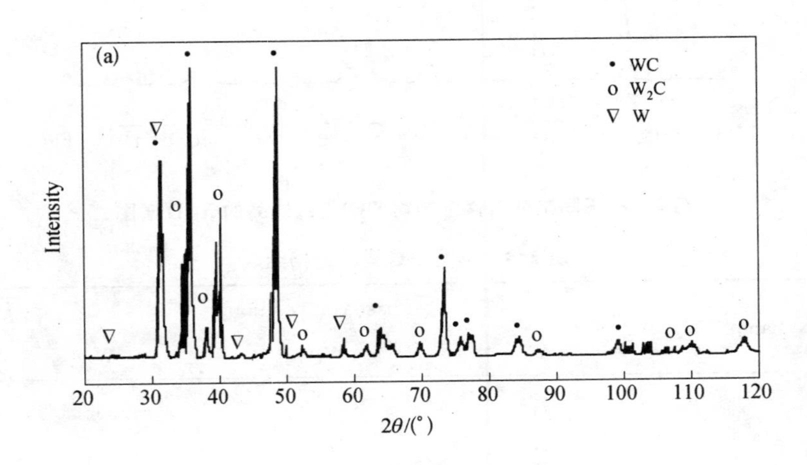

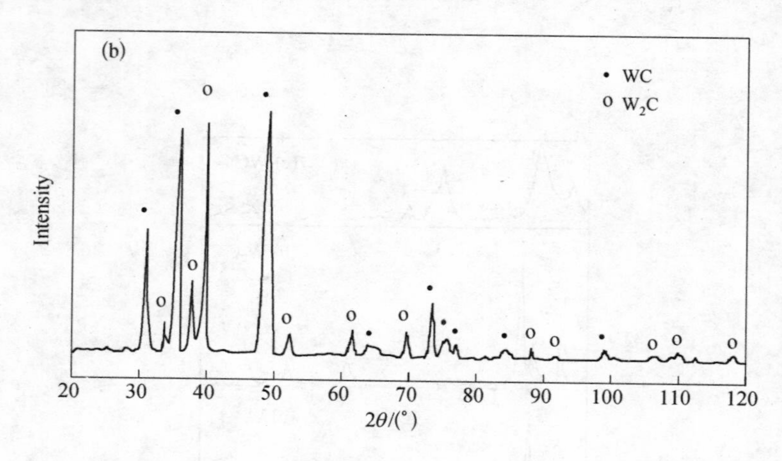

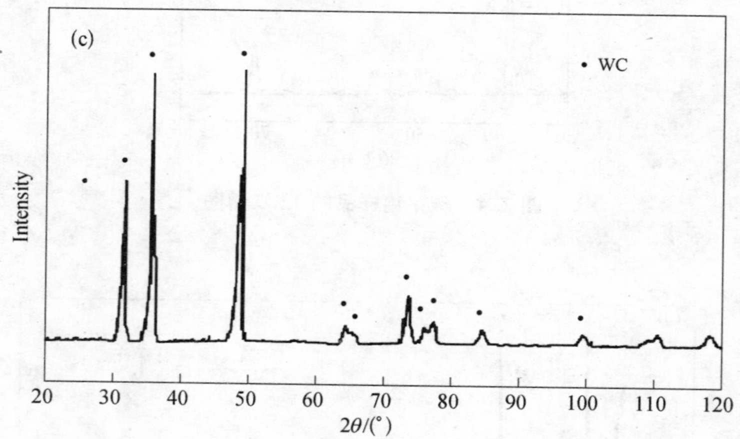

图 2.5　不同工艺条件下制得的碳化钨样品的 XRD 谱图

表 2.3　不同 WC 样品的相组成

Sample No	Phase composition		
	WC	W_2C	W
a	57.5	17.2	25.3
b	51.2	48.8	0
c	100	0	0

对不同制备工艺条件进行优化后制得的碳化钨样品的 XRD 谱图如图 2.6 所示. 由图可知,该碳化钨样品主要由 WC 单相组成,其三强特征谱线分别对应于 WC(001)、(100)和(101)的晶面.

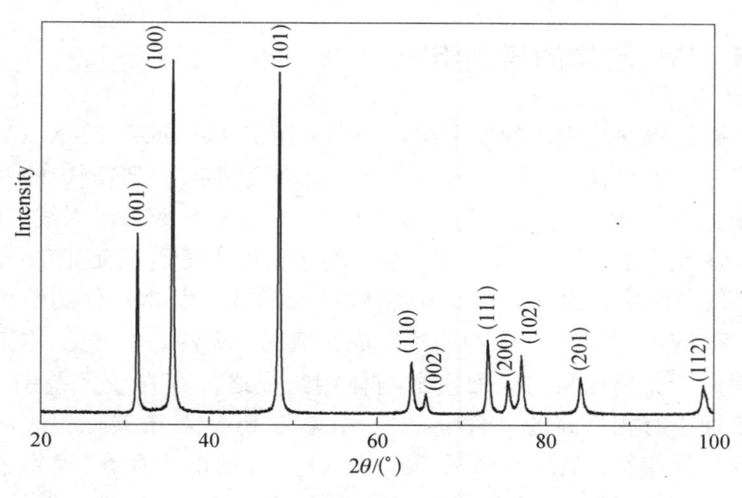

图 2.6　单相 WC 的 XRD 谱图

2.4　WC 粉体的表面形貌

图 2.7 为采用 JSM－6700F 型扫描电子显微镜(SEM)观察到的

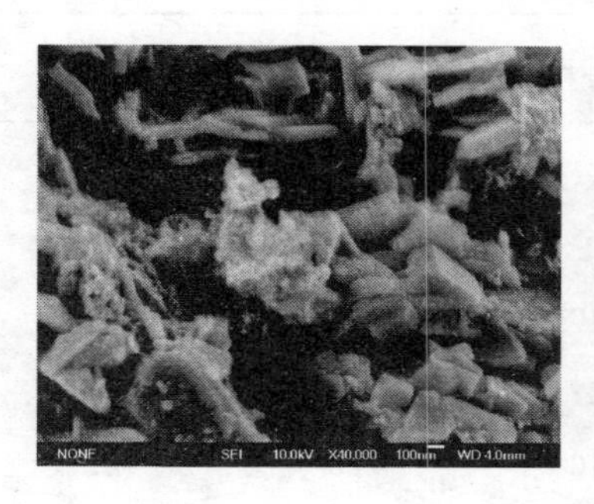
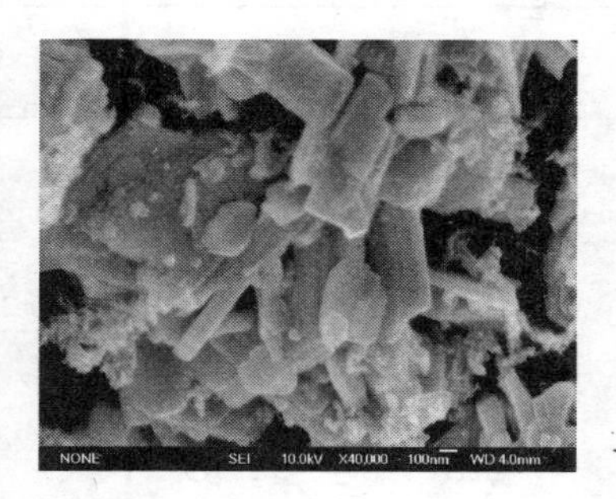

图 2.7　WC 粉体的 SEM 图

单相WC粉体的表面形貌. 由图可见,本工作制得的单相 WC 粉体中含有少量纳米尺度的粉末,在亚微米级的粉末表面,有的比较"粗糙",有的比较"光滑".

2.5 WC 粉体的表面组成

碳化钨样品表面的原子组成分别采用 ESCALB2201 - XL(VG)型光电子能谱仪(XPS)和 Auger 电子能谱仪测定. XPS 测定的 X 光功率为 300 W,光子能量为 1 486.6 eV,采用单色 MgKα 射线,相对于 C1s 结合能(BE=285.04 eV);Auger 电子能谱测定前首先用 Ar^+ 轰击样品表面 5～10 min,然后记录谱线. 表 2.4 分别给出了 WC 和 W_2C 的 Auger 表面原子组成的情况. 从表 2.4 可见,本工作制得的碳化钨样品的表面组成与体相组成之间存在较大差别. 样品表面中有相当高的氧含量,这一结果与 Ross 对于碳化钨表面的研究结果相符. 氧取代碳后,以 W—O 共价键形式存在,稳定了碳化物表面,降低了水溶液中 W 和 C 的被氧化性. 在酸性电解液中,由于 WC 表面氧化层的 O - W - C 与电解液中 H_2O 分子间的化学作用,削弱了 W—O 共价键的作用,从而使得水溶液中的碳化钨比气相中更稳定.

表 2.4 不同碳化钨物相的表面原子组成

Sample No.		WC - 1	WC - 2	WC - 5
Main phase		WC	W_2C	WC
Method		AES	AES	XPS
Surface	W	47	55	44
composition	C	37	25	35
a/o	O	16	20	21

2.6 碳化钨粉体的化学稳定性

为了研究碳化钨的化学稳定性，采用美国 PE 公司生产的 TG/DTA 综合热分析仪测定了单相碳化钨粉体的失重和差热分析曲线，结果如图 2.8 所示. 测试工作在空气气氛中进行，升温速率为 10℃/min，气体流速为 100 mL/min. 由图可见，在空气气氛中，单相碳化钨粉体在 260℃之前发生失重，260℃之后重量又增加，在 430℃时有一放热峰；说明该样品在空气中当温度大于 260℃时将发生氧化反应.

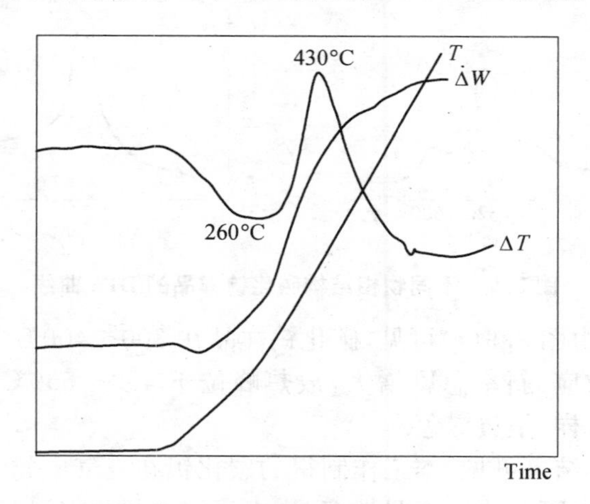

图 2.8 碳化钨催化剂的 TG/DTA 图

图 2.9 给出不同物相组成碳化钨样品的 DTA 曲线. 其中图 2.9(a)样品的主物相为 WC，(b)样品主物相为 W_2C，二者相比，峰位相同，终态产物均呈黄绿色，但曲线形状有所不同；图 2.9(c)为图(a)样品烘干存放 15 个月以后测得的 DTA 曲线；与图 2.9(a)相比较，图(c)中在 520℃左右的放热峰位置基本不变，峰面积有些变小，但在 600℃附近出现了一个新的放热峰，终态产物以黄色氧化物为主，显然样品中已有较多的氧化物存在；图 2.9(d)样品为多孔

钨的DTA曲线，与(a)、(b)相比较，放热峰往高温方向偏移了约50℃.

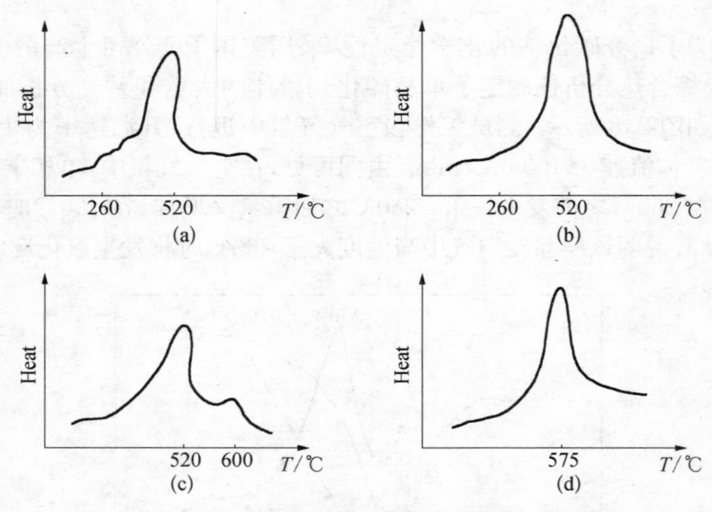

图 2.9　不同物相结构碳化钨样品的 DTA 曲线

此外，由图2.9(a)可见，碳化钨样品在300～400℃之间开始出现强放热效应，斜率急剧增大，放热峰位于450～550℃之间，放热峰对应的试样，呈黄绿色.

由上述结果可见，本工作制得的碳化钨在空气中的起燃温度在300～400℃之间；当物料足够多时，由于缓慢氧化将引起局部过热，起燃温度可能更低. 从现有文献分析，尚未见有关碳化钨催化剂的差热分析结果和引燃性方面的报道，故上述性质尚不能认为是碳化钨催化剂的普遍属性，但有一定的参考价值.

为了进一步考察碳化钨催化材料的化学稳定性，曾作过多项试验和检测，主要结果简述如下：

潮湿的碳化钨难以引燃，但容易被空气氧化. 潮湿的WC粉末在烧杯中放置三个月后，其颜色由灰黑色变成浅绿色，经电化学测试，电极活性基本丧失，表明该样品已被严重氧化.

将碳化钨浸泡在水中1～2年，再取出烘干，其色泽、自燃现象、比表面、DTA曲线以及电化学性能等均未发生异常变化.

将碳化钨粉末浸泡在10% $KClO_3$ 水溶液中，室温放置24 h，再经沉清、洗净、烘干等处理，其各项性能均未发现明显变化.

将碳化钨试验电极浸泡在50℃的50% H_2SO_4 溶液中5天，然后进行电化学测试，发现其电化学性能未发现明显下降.

将一定量的碳化钨粉末浸泡在5%～10%的氨水中，煮沸2 h（不断添加氨水），再冷却、沉清，清液无色、无悬浮物；沉降物呈微棕色，烘干，称重，未发现重量变化；其自燃现象、DTA曲线、电化学性能等均未发现变化. 由此可推断，样品表面棕色物可能是在沸腾条件下样品被空气氧化成 WO_2，由于 WO_2 不溶于氨水，从而使碳化钨颗粒主体没有受到侵蚀.

将一定量的碳化钨粉末放入5 mol/L H_2SO_4 水溶液中，在搅拌下煮沸2 h，冷却，沉清12 h，清液呈蓝色，其中带有大量的黑色悬浮物（W_2C 型产品比WC型蓝色深，黑色悬浮物多），过滤、洗涤、烘干，样品呈青灰色，重量损失达10%～30%（W_2C 型产品损失偏大），引火自燃产物以黄色为主，其DTA曲线特征与图2.10(c)相同；比表面积约下降3 m^2/g；制成试验电极进行测试，发现电阻和过电位明显增大. 这些结果表明，碳化钨中最活泼的部分已受到侵蚀，其中 W_2C 的抗蚀性比WC弱.

上述结果说明，按本工作制备的碳化钨，在气相中易被氧化，但在液相中有较强的耐酸、耐碱和抗氧化性. 故在存放和使用时应注意以下几点：

(1) 碳化钨长期存放时，应浸没在水中，干料存放应注意密封；

(2) 不能在氧化性气氛中使用；

(3) 不能在空气中沸腾条件下使用；

(4) 在强酸和高温下使用，腐蚀速度增大，应适当控制；

(5) W_2C 比WC抗蚀性弱，要控制使用.

2.7 碳化钨粉体制备工艺及其反应历程

表 2.5 列出了碳化钨在制备过程中主要工艺条件与化学组成、比表面之间的关系.

表 2.5 碳化钨制备工艺条件与化学组成、比表面之间的关系

Sample No.		WC-1	WC-2
Main preparation conditions	Flux of CO/(m^3/h)	3	1.5
	Sulfur content/ 10^{-6}	0	~30
	Cementite temperature/℃	650	700
	Reaction time/h	12	9
Main phase(determined by XRD)		α-WC	W_2C
Chemical composition, W/O	Total carbon	4.46	2.66
	Free carbon	0.26	0.46
	Main phase	69	71
BET specific surface area/(m^2/g)		21	8.4

下面根据实验现象对制备过程中各个阶段的主要反应状况进行讨论.

第一阶段：焙解. H_2WO_4 在适宜的温度和气流条件下,部分脱水和还原形成蓝色氧化钨. 这种形态的氧化钨具有较高的化学活性和较大的比表面积,见光呈蓝色,在水中有一定的溶解度,但长时间放置后将转变成乳白色的絮状物沉淀. 这种蓝色氧化钨是制备碳化钨催化材料的优质原料. 由黄色钨酸转变成蓝色氧化钨需具备一定的条件,最主要是控制转化温度和原料中的含水量. 实验表明，黄色钨酸转变成蓝色氧化钨的最佳焙解温度是400～500℃，同时蓝色氧化钨仅在适当的含水量条件下才能稳定存在，如果物料完全失水，蓝色氧化钨就向棕色 WO_2 转化，而这种 WO_2 形态的氧化钨制得的碳化钨催化材料是不活泼的．为了保持氧化钨的含水量，必须对物料的升温速率、反应时间、气体成分和流速等进行控制．本工作建立了一套特殊的制备装置及工艺操作方法，使黄色钨酸在合适的气流条件下能骤然升温到焙解温度并形成蓝色氧化钨，还原反应阶段随即开始．

第二阶段：还原．蓝色氧化钨在一氧化碳热气流中首先被还原成金属钨，这种钨具有较高的化学活性．本阶段的最佳温度控制范围为650～850℃，反应时间3～6 h．采用本方法设计的WC制备装置，只要这种钨中间体形成，渗碳阶段就开始．

第三阶段：渗碳．在钨中间体的表面上，一氧化碳催化分解将析出碳($2CO \longrightarrow CO_2 + C$)，碳扩散渗入钨首先形成 W_2C，若进一步渗碳则形成WC．生成的 W_2C 和WC具有较高的化学活性．本阶段最佳的温度控制范围是650～750℃，反应时间3～6 h．在整个反应过程中对气体成分有比较严格的要求，如果气体中含有硫化物，则会使钨和碳化钨的表面失去对碳析出反应的催化活性，从而将影响后一步渗碳反应的正常进行．当气体中含硫量较高时，产物中只能得到钨而得不到碳化钨，因此，在碳化钨的制备过程中对反应气体的含硫量必须进行适当的控制．另外，本工作采用的制备装置中设计了急速冷却部件，能使渗碳阶段完成后产物被急速冷却，保证了碳化钨的高分散性和高催化活性．

另外，按照上述的制备方法，控制合适的反应条件，可分别制得两类不同物相的碳化钨产物，一类以α-WC为主，另一类以 W_2C 为主．图2.4给出了这两类碳化钨样品和钨中间体的XRD谱图．

本工作制备的碳化钨粉体具有自燃现象，这种易燃性是催化材料高分散、高催化活性的一种较为普遍的属性．众所周知，作为硬质合金材料的碳化钨粉末，在纯氧气流中超过1 000℃才会发生燃烧(氧化反应). 对比可见,按照本方法制备得到的碳化钨,其化学活性是显而易见的. 但是这种属性尚不足以表明这种材料的特有活性.

目前,碳化钨的应用研究主要集中在作氢电极的电催化剂方面. 因此,碳化钨在氢氧化反应中的性能高低是评价这种催化材料活性的主要依据. 表 2.6 分别列出了 WC-PTFE 多孔电极和 W_2C-Ni 平板电极在氢氧化和氢析出反应过程中的表观动力学参数.

表 2.6 碳化钨氢电极的表观动力学参数

Electrode		WC-PTFE	W_2C-Ni
Electrolyte		40℃, HCl 13 w/o	79℃, NaOH 20 w/o
Electrode reaction		$\frac{1}{2}H_2 \longrightarrow H^+ + e$	$H^+ + e \longrightarrow \frac{1}{2}H_2$
Tafel constant	a	0.456	0.253
$\eta = a + b\log i$ (A/cm^2)	b	0.208	0.121
Transfer coefficient, α		0.70	0.579
Apparent exchange current density i^0/(A/cm^2)		6.39×10^{-3}	7.97×10^{-3}

2.8 碳化钨的反应机理探讨

为了验证碳化钨制备过程中的中间步骤,本工作在 CO 气流中引入微量的 H_2S 气体,因为引入 H_2S 气体可控制 CO 的歧化反应($2CO \longrightarrow CO_2 + C$),使钨和碳化钨表面中毒而抑制或终止析碳反应过程的发生,从而截取反应中间物,便于搞清制备过程中的反应历程.

本实验所用的 H_2S 气体由 FeS 与稀盐酸反应产生,CO 气流中

H_2S的平均含量由投入的FeS量进行控制. 同时在渗碳过程中将CO和H_2S的混合气体断续引入系统.

在碳化钨试样制备过程中,钨酸投料量、气体流量、反应温度和反应时间均保持相同,仅改变引入的H_2S量,因此可获得不同物相结构的产物. 然后通过XRD等测试手段确定产物的物相组成和化学组成,从而推断其反应机理.

该实验的反应条件为:钨酸单次投料量20 g;CO流量25 L/h;反应温度730℃;反应时间11 h;反应气体中H_2S平均含量在$(0\sim70)\times10^{-6}$范围内.

通过对不同样品XRD的测定结果表明:当CO气体中不含H_2S时,反应产物的主物相仅为WC单相;当存在几个10^{-6}的H_2S时,产物中出现W_2C相,随着H_2S含量增大,W_2C相逐渐增多,WC相逐渐减少,最后以W_2C为主物相;当H_2S高达几十个ppm时,产物主物相转变为W,并夹杂少量W_2C,但几乎找不到WC相.

图2.10为加入不同H_2S气体含量所生成样品的XRD图. 图(a)至图(c)所对应的反应气体中含硫量逐渐减少,图(d)对应的反应气体中不含H_2S. 各个样品的体相中未找到硫化物,但用Auger电子能谱(AES)测定表明:用含硫气体制得的样品在表面层内有不同程度的硫存在. 用本方法制备的各个样品均有较高的化学活性,一个明显的共同性是:这些样品经干燥后均能在空气中引火自燃,自燃产物均为氧化钨.

以上研究结果表明,在一氧化碳和二氧化碳反应气流中引入微量的硫化氢,主要作用是改变了钨和碳化钨的表面性质,扼制了反应过程中的析碳反应,同时达到截取中间产物的目的.

基于如上实验事实,根据化学平衡原理,H_2WO_4与CO反应制取碳化钨的可能反应历程如下:

$$H_2WO_4 \longrightarrow WO_x + H_2O + \frac{(3-x)}{2}O_2 \quad (2\leqslant x\leqslant 3) \quad (2.1)$$

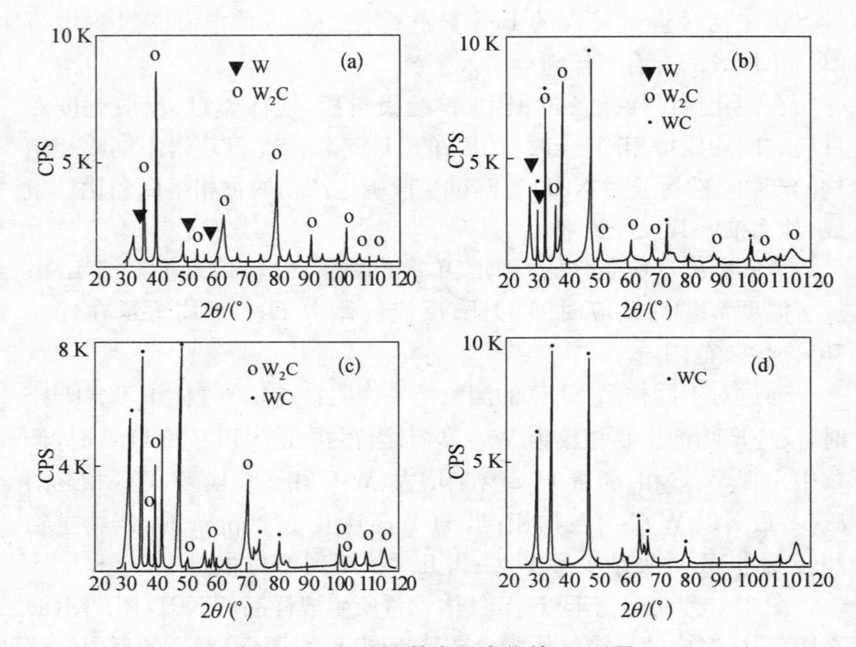

图 2.10　WC 及其中间产物的 XRD 图

$$WO_x + xCO \longrightarrow W + xCO_2 \tag{2.2}$$

$$2CO \longrightarrow CO_2 + C \tag{2.3}$$

$$2W + 2CO \longrightarrow W_2C + CO_2 \tag{2.4}$$

$$2W + C \longrightarrow W_2C \tag{2.5}$$

$$W_2C + C \longrightarrow WC \tag{2.6}$$

根据上述反应机理,结合热力学分析,本工作拟定和摸索了一种较佳的碳化物制备工艺,根据实验的控制条件,在制备过程中可分别制得两类不同物相组成的碳化钨样品,其中一类以 WC 为主物相,另一类以 W_2C 为主物相. 前者可用于燃料电池中作氢电极催化剂[4],后者可用于析氢阴极的电催化剂.

2.9 本章小结

本章主要研究了碳化钨催化材料在不同条件下的制备方法、物性与结构表征以及反应机理探讨等工作,实验结果表明:

(1) 采用黄色钨酸粉末(H_2WO_4)为原料,通过与一氧化碳(CO)气体高温反应,可制取活性较高的碳化钨粉体材料;

(2) 本工作提出的制备过程有连续式和间歇式两种方法,其中在碳化钨制备过程中分焙解、还原、渗碳三个阶段,尤其是连续式制备WC的方法,不但体系易于稳定,生产效率较高,更重要的是碳化操作能按一定脉冲间隔连续进行合成反应,而且样品质量稳定、可靠.

(3) 经研究表明,间歇式制备方法较佳的工艺条件是: CO 流量控制 480 mL/h·g H_2WO_4, CO_2 48 mL/h·g H_2WO_4;在制备过程中,黄色钨酸粉末首先在 500℃控温条件下在反应炉内恒温 1 h,以除去反应物中的结晶水,然后将温度升高至 750℃,再恒温反应 12 h,即可获得 WC 样品.

(4) 经研究确定,连续式制备方法较佳的工艺条件是: 钨酸,含水量 7%~15%,一般为工业品或轻质钨酸;CO 流量一般控制在 1.5~3 m^3/h;固相物料停留时间通常 9~12 h;反应温度: 物料入口处400~500℃,中部壁温(850±20)℃,反应区入口气体温度 400~600℃.

(5) 通过 BET、XRD、AES、XPS 和定碳仪等方法,测定了碳化钨的化学成分、物相组成和比表面积. 结果表明,用本方法制得的 WC 其表面原子由 W、C 和 O 构成,W∶C∶O 比例为 47∶37∶16(503#样品)之间,这与文献报道的结果相类似;用本方法制得的 WC 其比表面积达 20 m^2/g 以上;在制备过程中通过控制不同的反应条件可生成不同物相结构的产物,同时根据需要可制备出 α-WC 和 W_2C 两类不同物相结构的碳化物.

(6) 采用 TG/DTA 综合热分析仪测定了碳化钨粉体的失重和差

热分析曲线. 结果表明,单相碳化钨粉体在空气流中 260℃之前失重,260℃之后增重,430℃时有放热峰,说明该样品在空气中 260℃以上将发生氧化反应. 同时也发现,用本方法制得的 WC 粉体在空气中易发生自燃现象,从文献可知这种易燃性是催化材料高分散、高催化活性的一种较为普遍的属性,但本工作制备的这种 WC 粉体在液相中具有较强的耐酸、耐碱和抗氧化性.

(7) 采用黄色钨酸与一氧化碳气体经高温反应制取碳化钨的方法,其特征在于: 首先,黄色钨酸在一氧化碳热气流中首先经焙解反应形成蓝色氧化钨,然后进一步发生还原和渗碳反应,最终生成碳化钨粉体材料. 这种制备工艺若能控制合适的反应条件,可分别制得两类不同物相组成的碳化钨样品,即 α - WC 和 W_2C.

(8) 通过对碳化钨制备过程中反应中间步骤的控制、中间体的截取和分析, 初步表明 WC 制备过程中的反应历程或机理可能由以下反应式组成:

$$H_2WO_4 \longrightarrow WO_x + H_2O + \frac{(3-x)}{2}O_2 \quad (2 \leqslant x \leqslant 3)$$

$$WO_x + xCO \longrightarrow W + xCO_2$$

$$2CO \longrightarrow CO_2 + C$$

$$2W + 2CO \longrightarrow W_2C + CO_2$$

$$2W + C \longrightarrow W_2C$$

$$W_2C + C \longrightarrow WC$$

第三章　碳化钨粉体材料的电催化活性研究

3.1　引言

早期的研究表明，WC 不仅对一些化学反应具有类铂的催化活性，而且在电化学领域中可用作酸性燃料电池氢阳极和电解中阴极的电催化剂. 因此，本章基于第二章对碳化钨催化剂制备方法和工艺的研究，进一步探讨碳化钨作为阳极和阴极材料时的化学稳定性、电催化活性及可能影响上述两种性能的各种因素.

本章的第一部分主要以氢的阳极氧化反应为研究对象考察碳化钨作为阳极电催化材料时的各种性能和影响因素. 由于气体在水溶液中溶解度很小，气体电极反应必须在气、液、固三相界面上才能有效进行. 在燃料电池研究中，大多采用半疏水的气体扩散电极结构；电极的一侧（催化层）与电解液直接接触，另一侧（防水透气层）则暴露在反应气体中；反应过程中，气体通过防水透气层中的气体通道进入电极并向催化层扩散，然后在催化层中气、液、固三相区进行反应. 由此可见，气体扩散电极的性能除与催化剂的电催化活性有关外，还在很大程度上取决于电极的组成及结构. 因此，本部分工作在研究碳化钨催化剂的抗氧化性、电化学稳定性及其电化学氧化机理的基础上，进一步探讨碳化钨为催化剂的气体扩散电极制备过程中各类因素对电极性能的影响，同时对这种电极在不同反应体系中的活化能以及碳化钨制备方法对电催化活性的影响进行了研究.

此外，在本章的第二部分以析氢反应和硝基苯电化学还原反应为研究对象考察碳化钨作为阴极材料时的性能，对不同电解液中碳化钨电极上硝基苯的电还原机理进行较为深入的探讨.

3.2 实验部分

3.2.1 防水型碳化钨气体扩散电极的制备

A. 防水透气膜的制备

将过筛后的乙炔黑、60%的PTFE乳液以及OP乳化剂按4∶10∶2的重量比混合均匀,加入适量蒸馏水调成糊状,再移入烘箱(约100℃)烘至半干,然后放在用红外灯和电吹风预热至40～60℃的双筒滚碾机上反复碾压,使其中的PTFE颗粒延展形成纤维网络,最后滚压成约0.5 mm厚的膜. 按一层纸一层膜的次序叠好并卷成圆筒状,然后用细线扎紧,放入盛有丙酮的1 000 mL脂肪抽提器中回流抽提48 h,以除去膜中OP乳化剂等表面活性剂. 抽提完毕后,将膜取出,放在通风柜中让丙酮自然挥发,即制得防水透气膜.

B. WC催化膜制备

按100∶8的重量比称取WC催化剂和PTFE(干基),再加入10%活性炭、15% NH_4HCO_3 以及适量OP乳化剂和蒸馏水,在50 mL烧杯中混合均匀,调成半干. 把混合料移至玻璃平板上,反复碾压,再放入已加热至40℃左右的双筒碾压机上进行多次碾压,制成实验所需厚度的膜. 而后按与A相同的方法把膜放入抽提器中回流抽提24 h,以除去催化膜中的OP乳化剂等表面活性剂,从而制得相应的WC催化膜.

C. WC气体扩散电极的制作

在两片防水透气膜中间夹一层导电网,在膜的一侧表面上放置一片5 cm^2 的催化膜,叠放整齐后,移至模具上用油压机以50 MPa的压力冷压成型,然后将压好的电极膜用铝片夹住,放入管式炉内,通 N_2,在300℃下烧结0.5 h. 待自然冷却后,将烧结好的电极用有机玻璃胶粘在有机玻璃气室上,即制成碳化钨催化剂气体扩散电极,如图3.1所示.

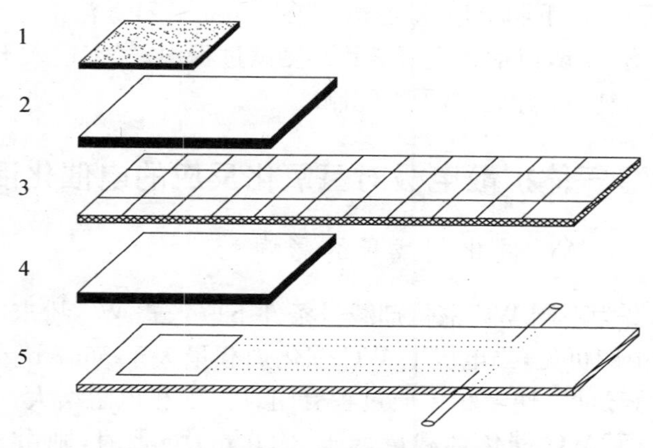

图 3.1 WC 气体扩散电极结构示意图

3.2.2 碳化钨阴极的制备

将适量的碳化钨粉末与 60% PTFE 乳液经超声分散处理，然后在 80℃温度下搅拌至碳化钨粉末与 PTFE 凝聚成团，将凝聚物在双辊压膜机中反复碾压，使 PTFE 纤维化，最后制得厚度为 0.25 mm 的薄膜；将该膜与导电网叠合，在 10 MPa 的压力下冷压成型，然后将导电网的另一侧用环氧树脂封闭，即制得所需的碳化钨阴极.

碳化钨粉末的相组成用 Rigaku D/MAX - IIIB 型 X 射线衍射仪测定；电极的表面形貌观察和表征在 Philips XL 30E 型扫描电子显微镜(SEM)上进行.

3.2.3 电化学测试

电化学测试所用的仪器为 EG&G 公司 273A 型电化学工作站，测试工作在三电极电解池中进行. 根据实验条件的不同，测试过程中分别选用同液动态氢电极(DHE)、汞/氧化汞电极(Hg/HgO)及饱和甘汞电极(SCE)作参比电极，辅助电极为大面积铂片. 在考察 WC 气体扩散电极(几何面积为 5 cm^2)的性能前，先将工作电极在 500 mV (vs. DHE)电位下阳极极化 40 min(在 1 mol/L HCl 溶液中),再在电解液中浸泡 10 h,以活化电极表面. 测试过程中,气室通入 H_2. 电解液均用分析纯试剂和去离子水配制.

3.3 WC 气体扩散电极对氢氧化反应的电催化活性

3.3.1 WC 催化剂载量的影响

图 3.2 为不同 WC 催化剂载量条件下嵌入式 WC 粉末电极的极化曲线. 由图可见,当电极上 WC 催化剂载量大于 56.7 mg/cm^2 时,由于催化膜过厚,使液相传质过程受阻,固、液相电阻增大,电极催化活性降低;而 WC 催化剂载量低于 21.0 mg/cm^2 时,则由于电极太薄,电化学反应粒子接触表面不足,电极的催化活性也不高. 因此,在 WC 气体扩散电极中,较合适的 WC 催化剂载量应为 32.6 mg/cm^2,如图 3.3 所示.

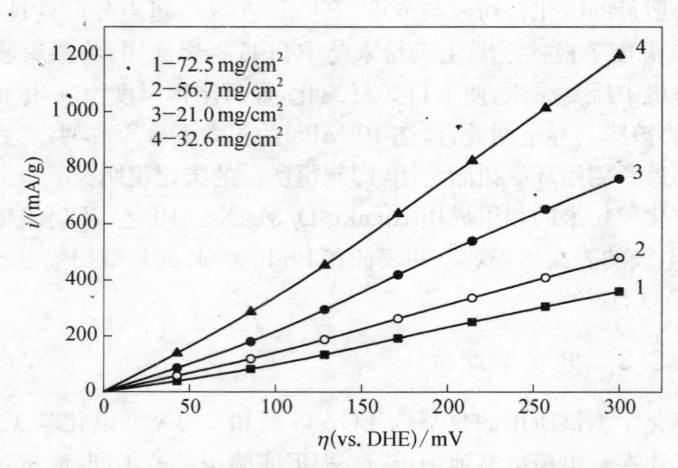

图 3.2 不同 WC 催化剂载量对催化活性的影响

然而,WC 嵌入式粉末电极只能用来初步评价 WC 催化剂的基本电催化性能,更重要的应该是研究 WC 气体扩散电极的实际

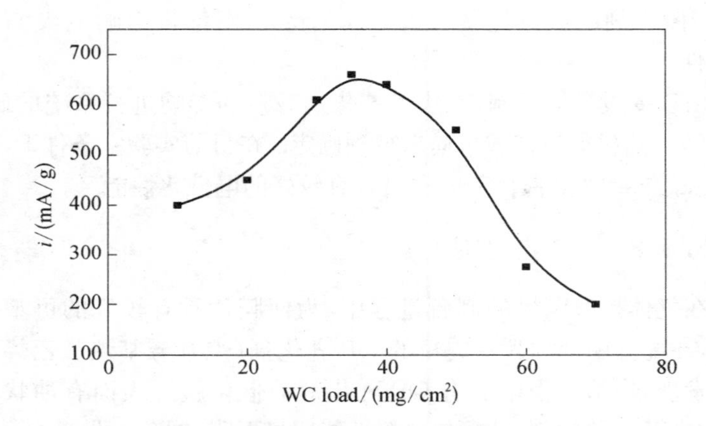

图 3.3 过电位 200 mV(vs. DHE)时,WC 催化剂载量与电流密度之间的关系

性能. 在同一条件下,WC 气体扩散电极中 WC 催化剂载量对催化活性的影响如图 3.4 所示. 由图可见,若以单位催化剂质量计,则 WC 催化剂用量少(44.8 mg/cm²),发挥的催化效率较高;但若以单位面积计,则 WC 催化剂稍多些(78.4 mg/cm²)对电催化活性有利,它们之间具有一定的配比关系,但无论用何种方法表示,

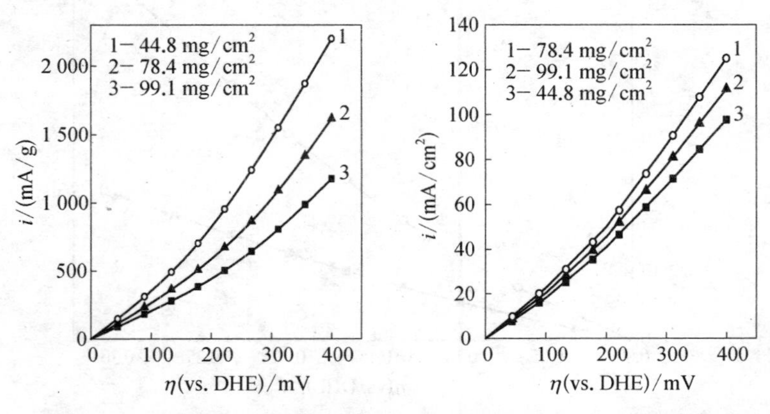

图 3.4 WC 气体扩散电极中,WC 催化剂载量对电催化活性的影响

若WC催化剂的载量过多(99.1 mg/cm^2),则都将影响电极的电催化活性.

由于受设备的限制,无法对催化剂载量的影响进行系统的研究,因此WC催化剂最佳载量尚未得到确定.在目前实验室条件下,载有32.3 mg/cm^2 WC催化剂的电极具有较好的电催化性能.

3.3.2 OP乳化剂的影响

在气体扩散电极的制备过程中,为使膜片具有较好的可塑性或孔率,在配方中常加入一定量的OP乳化剂(烷基芳基聚氧乙烯醚).研究发现,烧结过程中加有OP乳化剂的催化膜片表面有油状物析出,污染WC催化剂,从而使电极性能明显下降(图3.5曲线1).若在烧结前先除去催化膜中的OP乳化剂,可使电极的性能得到很大的改善(图3.5曲线2).因此,在WC气体扩散电极制作过程中,务必在烧结前除去催化膜中的OP乳化剂.实验表明,在丙酮中抽提24 h可完全除去WC催化膜中的OP乳化剂.

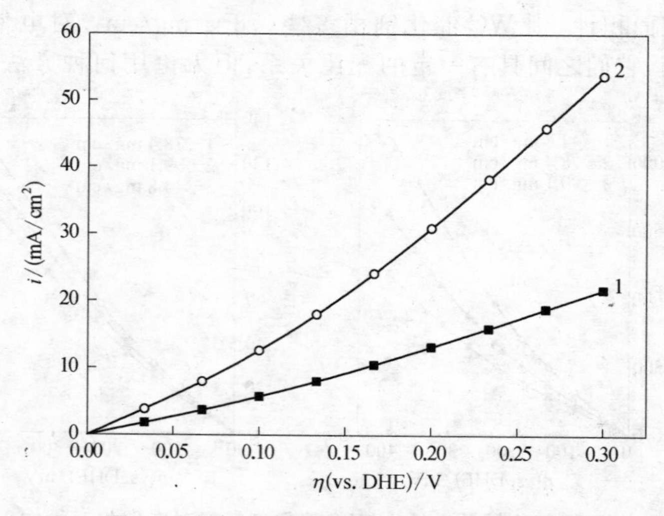

图3.5 "OP"乳化剂对WC催化活性的影响

3.3.3 电极表面结构的影响

WC气体扩散电极的核心部分由催化层和防水透气层组成. 催化层中 WC 催化剂属亲水组分,而 PTFE 属疏水组分,从而使得 WC 气体扩散电极工作时,既有足够的“气孔”使反应气体能传递到电极内部各处,又有部分孔隙充满溶液作为离子传输通道. WC 催化层中亲水组分和疏水组分比例的变化会导致两种极端现象: 其一,疏水组分的添加量很少,使催化层具有很强的亲水性,从而导致 WC 催化层的所有孔隙均被电解淹没,反应气体无法有效地传输到反应活性区;其二,由于疏水性太强使催化层难以被电解液浸润,从而无法在催化层内建立电化学反应必须的固/液界面. 具有这两种性质的催化层,无论 WC 催化剂本身活性有多高,电极反应均无法有效地进行. 因此,在电极制备过程中必须对催化层中疏水剂(PTFE)的添加量进行优化,并予以严格控制.

催化层亲水能力的强弱对气体扩散电极极化性能的影响如图 3.6 所示. 其中,曲线 1 对应的电极疏水很强,电极表面用蒸馏水滴加时,水珠无法栖身,若将该电极放入电解液中,可观察到电极表面有一层气

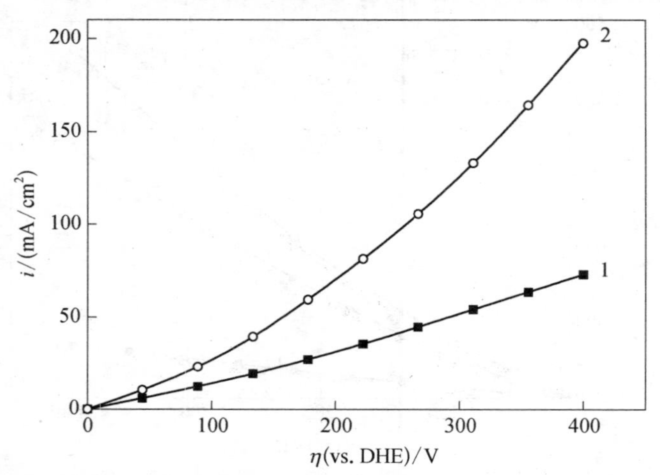

图 3.6 WC 催化剂气体扩散电极表面结构对催化活性的影响

膜;即使进行阳极极化一段时间,再浸入酸液数天后,电极表面的疏水仍很强,电极性能不高. 曲线 2 对应电极的催化层具有一定的亲水性,在其表面滴加蒸馏水时,水珠不太滚动,但不完全湿润,具有一定角度;若摇动电极,水珠仍然离开表面,电极表面上留有水的痕迹. 由图 3.6 可见,气体扩散电极催化层的疏水性过强会导致电极性能的恶化.

3.3.4 WC 制作方法对气体扩散电极性能的影响

气体扩散电极的性能除与电极的导电性、亲水性、电极厚度等因素有关外,在很大程度上还取决于催化剂的活性. 而催化剂的活性与其比表面积、表面结构、物相组成及几何形态等有关,这些因素主要取决于催化剂的制备条件和工艺. 有关于制备方法对 WC 催化活性的影响已有文献报道[162~165].

在原料、碳化温度、反应时间等工艺因素保持不变的条件下,通过改变冷却速度及气源(CO 和 CO_2)配比制得了三种 WC 粉末,其相应的电催化活性如图 3.7 所示. 表 3.1 为 XRD 分析得到三种样品的物相组成.

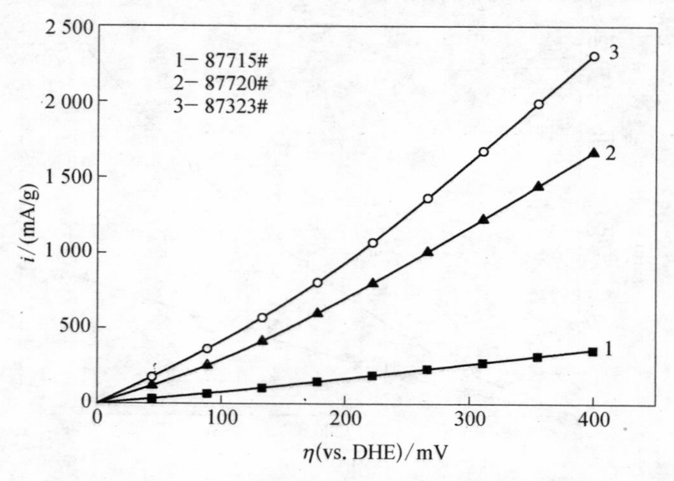

图 3.7 WC 催化剂物相组成对电催化活性的影响

表 3.1　三种不同 WC 催化剂的物相组成

Sample No.	Phase composition	
	WC/%	W_2C/%
87323#	100	0
87720#	92	8
87715#	62	38

由图 3.7 和表 3.1 可知，不同条件下制得的碳化钨样品具有不同的物相组成和电催化活性；其中，WC 物相纯度越高，电催化活性越高. 在氢的阳极氧化反应中，三种碳化钨粉末的电催化活性顺序为：

87323#＞87720#＞87715#

由此可见，在同等条件下，WC 催化剂电催化活性随着 WC 物相纯度的降低而衰减.

催化剂的活性除与物相组成有关外，还在很大程度上受其比表面积大小的影响. 表 3.2 列出了三种 WC 催化剂的比表面积，相应的电催化性能如图 3.8 所示. 由表 3.2 可知，WC 催化剂的比表面与所用原料有关，原料比表面越大，生成 WC 样品的比表面也越大. 这一结论与 Nikolov 等[165]的结果一致. 图 3.8 也表明，在 WC 物相组成相同的情况下，比表面积高的 WC 样品，电催化活性也高.

表 3.2　三种 WC 催化剂不同的比表面积

Sample No.	Specific surface area/(m^2/g)	
	H_2WO_4	WC catalyst
87323#	35.3	14.4
87326#	18.5	11.3
WC of industrial grade	—	0.03

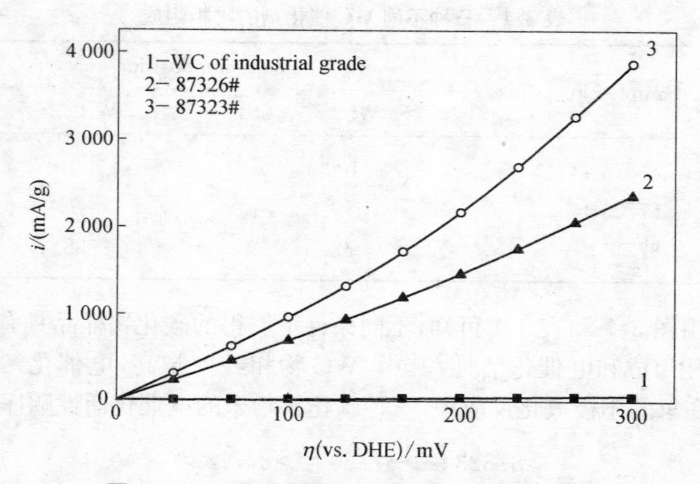

图 3.8　WC 催化剂比表面对电催化活性的影响

3.3.5　电解液对 WC 气体扩散电极性能的影响

图 3.9 为 WC 气体扩散电极在 HCl、H_2SO_4 和 H_3PO_4 溶液中的

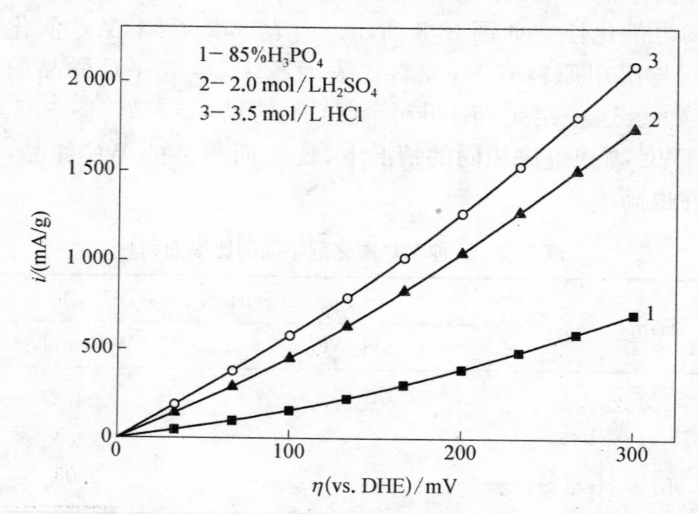

图 3.9　电解液对 WC 气体扩散电极活性的影响

极化曲线. 由图可见,在相同条件下,WC 气体扩散电极在三种不同酸性电解液中的性能存在如下关系:

$$HCl > H_2SO_4 > H_3PO_4$$

由此可见,气体扩散电极的性能除与催化剂本身活性有关外,还受电解液导电性等因素的影响. 引起 WC 气体扩散电极在上述三种电解液中电极性能不同的根本原因可能是这三种电解液导电能力的不同. 由于 HCl、H_2SO_4 和 H_3PO_4 均为强电解质,它们的导电能力又主要取决于离子的移动速率. 已知这三种电解液的移动速率为: $HCl > H_2SO_4 > H_3PO_4$. 因此,在酸性电解液中,WC 气体扩散电极的性能与电解质离子的移动速率成正比关系.

3.3.6 WC 气体扩散电极的活化能

影响 WC 气体扩散电极性能的主要因素有结构因素(空间因素)和能量因素两大类. 前文已对结构因素的影响进行了讨论,在此主要探讨 WC 催化剂的能量因素(反应活化能).

本工作分别测定了 20~80℃温度范围内 WC 气体扩散电极在 HCl、H_2SO_4 和 H_3PO_4 三种电解液体系中的极化曲线,分别求得 WC 气体扩散电极在这三种电解液中的活化能,并与平板 WC 电极的活化能比较.

图 3.10 ~ 3.12 为 WC 气体扩散电极在 3.5 mol/L HCl、2.0 mol/L H_2SO_4 和 85% H_3PO_4 中的极化曲线. 根据这些极化曲线,可获得极化电位为 250 mV 时 $\lg i$ 与 $1/T$ 之间的关系,如图 3.13 所示. 根据求解活化能公式(3.1),可求出 WC 气体扩散电极的表观活化能,结果见表 3.3.

$$E = -R\left[\frac{\partial \ln i}{\partial(1/T)}\right]_\eta \tag{3.1}$$

由表 3.3 可知,在同种溶液中,WC 气体扩散电极的活化能明显比 WC 平板电极活化能低[166],即在 H_2 阳极氧化反应中,WC 气体扩

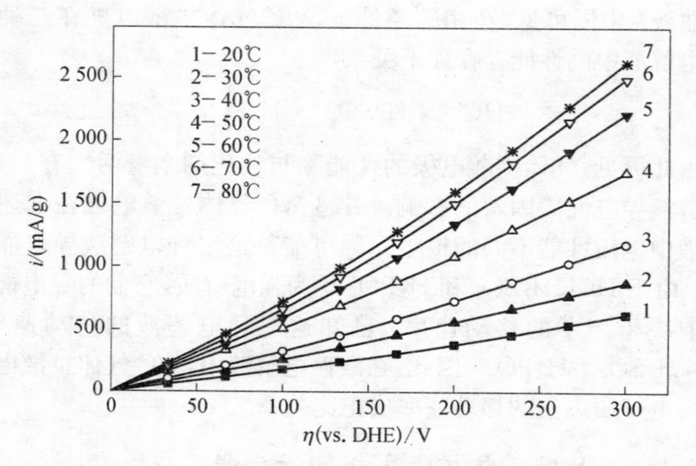

图 3.10　在 3.5 mol/L HCl 中 WC 气体扩散电极对氢阳极氧化的极化曲线

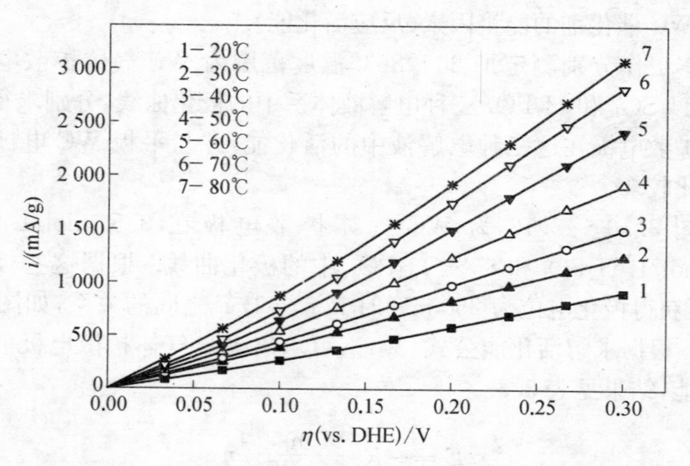

图 3.11　在 2.0 mol/L H_2SO_4 中 WC 气体扩散电极对 H_2 阳极氧化反应的极化曲线

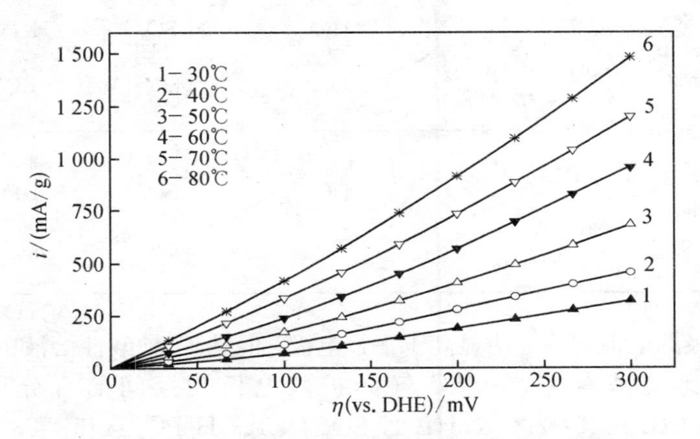

图 3.12　在 85% H_3PO_4 中 WC 气体扩散电极对氢阳极氧化反应的极化曲线

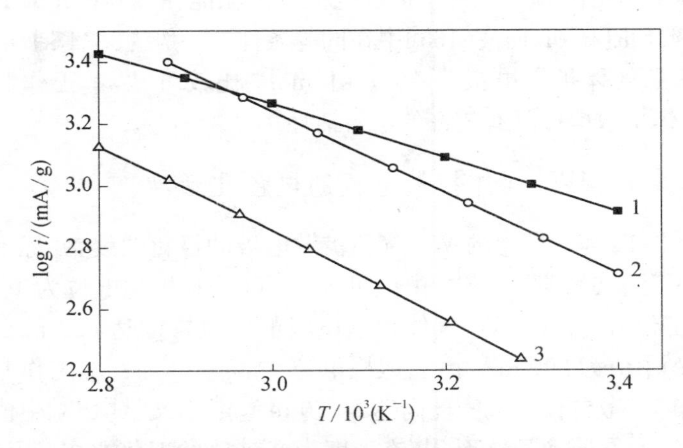

图 3.13　WC 气体扩散电极电流密度与温度之间的关系

表 3.3　WC 气体扩散电极的表观活化能

WC gas diffusion electrode	Electrolyte	3.5 mol/L HCl	2.0 mol/L H_2SO_4	85% H_3PO_4
	Activation energy/(kJ/mol)	23.3	14.5	13.7
WC tabulate electrode	Electrolyte	1 mol/L HCl	0.5 mol/L H_2SO_4	0.33 mol/L H_3PO_4
	Activation energy/(kJ/mol)	53.6	33.9	30.96

散电极的电催化活性明显高于平板电极. 但是,三种酸性溶液中活化能的比例基本一致. WC 气体扩散电极相互间的百分比为:3.5 mol/L HCl∶2.0 mol/L H_2SO_4∶85% H_3PO_4 = 45∶28∶27;WC 平板电极为 1mol/L HCl∶0.5 mol/L H_2SO_4∶0.33 mol/L H_3PO_4 = 45∶29∶26. 由此可以说明,提高电极的比表面积,可以降低 WC H_2 扩散电极的反应活化能,增加反应速度,提高电催化活性.

本工作制作的 WC 气体扩散电极的活化能在 2.0 mol/L H_2SO_4 中为 14.5 kJ/mol,而文[165]中在同等条件下一般为33.4 kJ/mol,最佳的 WC 气体扩散电极为 16.7 kJ/mol. 比较可知,本工作制作的 WC 气体扩散电极具有较好的电极活性.

3.3.7　WC 气体扩散电极的电催化活性

图 3.14 为较理想的 WC 气体扩散电极的极化曲线,并标出了同等条件下的文献值[167, 168]. 由图可知,在 60℃和极化电位为 100 mV 时,本工作所制得的 WC 气体扩散电极的电流密度达 620 mA/g,文献[167]中值为 200 mA/g;当电极电位在 350 mV 时,本工作制作的 WC 气体扩散电极电流密度高达 3 020 mA/g,而文献[168]中值仅为 580 mA/g,在同等条件下,电流密度为文献值的五倍之多. 因此,本工作制作的 WC 气体扩散电极具有更好的电催化活性. 综上所述,本

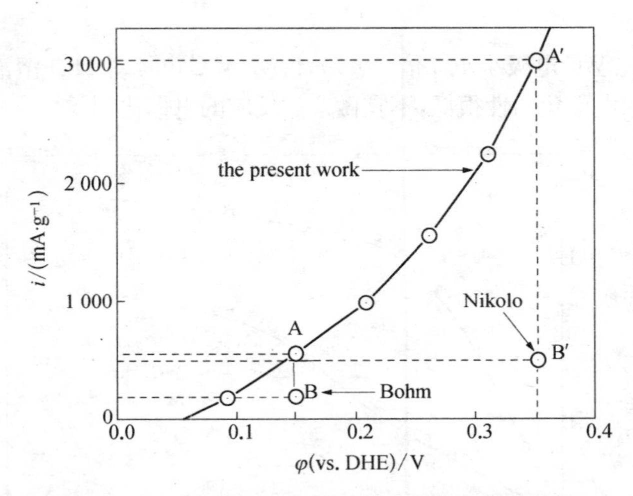

图 3.14　防水型 WC 气体扩散电极的电化学性能

工作制作的 WC 气体扩散电极具有较高电催化活性的主要原因有两个：(1) WC催化剂具有良好的导电性和电化学稳定性；(2) WC 催化剂具有良好的催化活性、所制得的电极结构较为合理.

3.3.8　WC 阳极在盐酸溶液中的电化学性能

基于上述研究，本工作还对 WC 和 W_2C 在盐酸溶液中的阳极性能进行了探讨. 图 3.15 为 12% HCl 中 WC 和 W_2C 的阳极极化曲线. 由图可见，在相同电流密度下，WC 电极的过电位比 W_2C 电极低，两者之间的电位差在电流密度为 10～30 mA/cm² 范围内达到最大，当电流密度大于 40 mA/cm² 时，电位差减少至 100 mV 左右. 以上结果表明，WC 对氢阳极氧化反应的电催化活性要比 W_2C 高.

根据图 3.15 中的曲线可求得 WC 和 W_2C 电极上氢阳极氧化反应的动力学参数，结果如表 3.4 所示. 由表可见，WC 电极的 Tafel 斜率是 W_2C 电极的两倍，说明氢在这两种电极上发生的氧化反应具有不同的反应机理. WC 电极上的交换电流密度 i^o 较高，其电催化活性类似于 Pt 电极，表明 WC 适于做这类反应的电催化剂. W_2C 电极的交换电流密

度 i^o 要比 WC 电极小 100 倍(10^{-2}),说明 W_2C 电极对 HCl 溶液中氢氧化反应的电催化活性很低,不宜做这类反应的电催化剂.

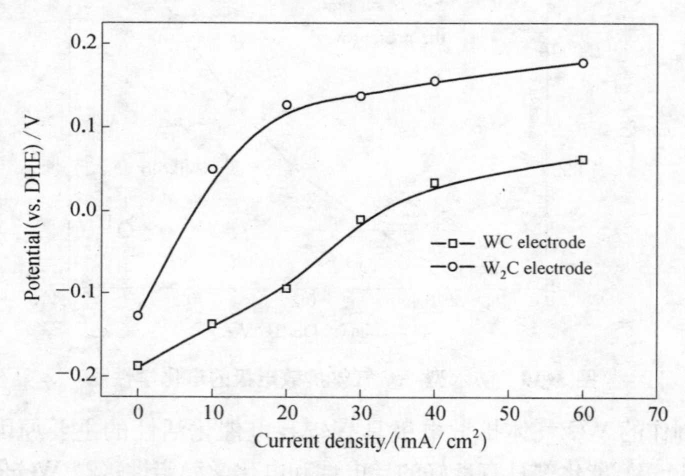

图 3.15　12% HCl 溶液中 WC 和 W_2C 电极的阳极极化曲线

表 3.4　WC 和 W_2C 电极上氢阳极氧化过程的动力学参数

Electrode	Electrolyte	T/K	a	b	α	i^o/(A/cm²)
WC-PTFE	12% HCl	313	0.546	0.258	0.76	7.63×10^{-3}
	22% HCl		0.515	0.249	0.75	8.58×10^{-3}
	28% HCl		0.521	0.247	0.75	7.74×10^{-3}
	31% HCl		0.529	0.244	0.75	6.81×10^{-3}
W_2C-PTFE	12% HCl	313	0.516	0.116	0.46	3.42×10^{-5}

3.4　W_2C 对阴极析氢反应的电催化性能

在前文的研究中已发现,通过控制制备条件可以获得不同物相的碳化物，即：WC 和 W_2C，而不同的物相组成在不同的溶液中具有不同的电催化性能. Nikolov 等[169]研究发现采用白色 H_2WO_4 制备的 W_2C 在浓 H_3PO_4 中对氢阳极氧化反应具有较高的电催化性能；但是 W_2C 在较高温度下的耐腐蚀性很差，在150℃、50 mA/cm² 下，这种电极的寿命只有 200～220 h 左右；为此他们认为采用白色 H_2WO_4 制备的 W_2C 不适合在 H_3PO_4 电解液中作氢阳极氧化的电催化剂. 但是 W_2C 对析氢反应具有良好的电化学性能. 另外，采用黄色 H_2WO_4 合成的 WC 有更高的电化学稳定性.

根据以上结果，本工作以黄色 H_2WO_4 为原料合成了不同物相的碳化物（WC 和 W_2C），测定了 W_2C 在不同电解液中的阴极极化曲线，结果如图3.16～3.19所示. 图 3.16 是 20% NaOH 溶液中 Cu 网为基体的 W_2C 电极在 323 K、电流密度 200 mA/cm² 下工作 500 h 后测得的极化电位与电流密度之间的关系图.

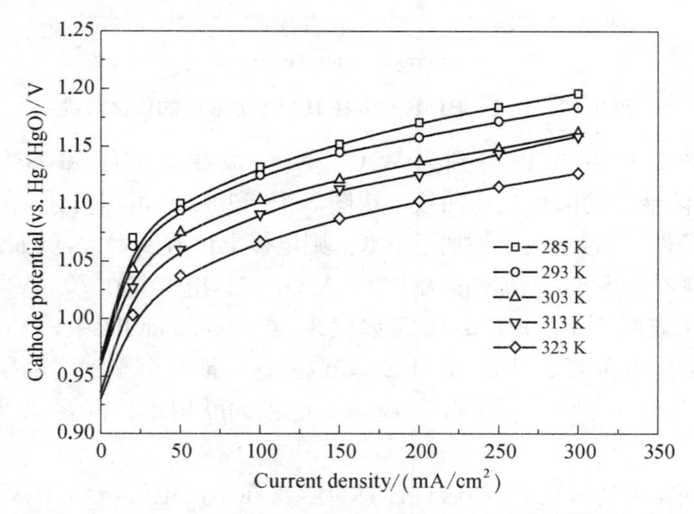

图 3.16 W_2C - PTFE - Cu 电极在 20% NaOH 溶液中的极化曲线

图3.17为不同溶液中W_2C-PTFE-Pb电极的电极电位与电流密度之间的关系曲线. 由图3.17可以看出,在相同测试条件下,若在电解液中添加$(NH_4)_2SO_4$助剂,则W_2C-PTFE-Pb电极的极化电位比纯H_2SO_4电解液要高,例如,当电流密度为100 mA/cm^{2}时,同一电极的电位差达240 mV.

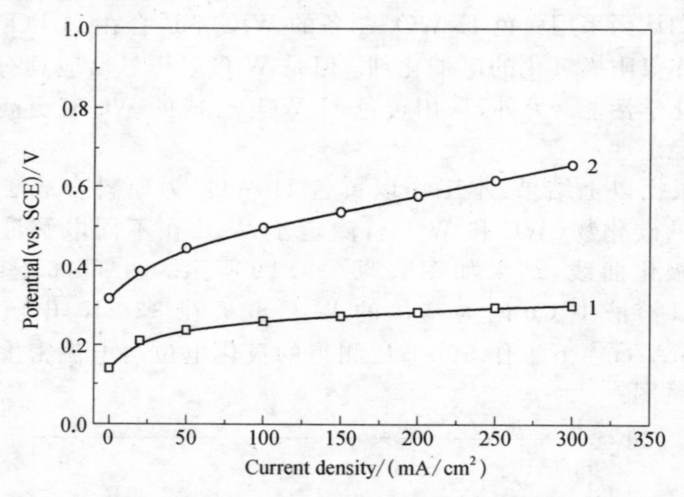

图3.17 W_2C-PTFE-Pb在H_2SO_4溶液中的极化曲线

图3.18和3.19分别为W_2C-Ni电极在NaOH和NaOH+NaCl溶液中的阴极极化曲线. 从图3.18和3.19可以看出,在相同极化条件下,若溶液中添加了NaCl,则电极电位有所增大,例如,当温度控制在298 K、电流密度为100 mA/cm^{2}时,电位差在70 mV左右. 通过比较图3.16和图3.18可以发现,在20% NaOH中,WC-Ni电极的过电位要比WC-PTFE-Cu高,这可能是由于铜网电导率较高的缘故. 因此可以推断,W_2C-Cu电极的欧姆电位降要比W_2C-Ni低.

根据上述极化曲线,通过计算可求得在不同电解液中W_2C氢阴极的动力学参数,结果如表3.5所示. 由表可见,W_2C电极有较高的

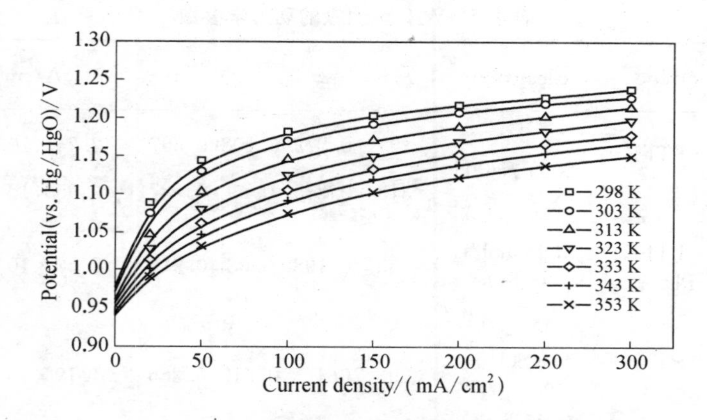

图 3.18 W_2C-Ni 电极在 20% NaOH 溶液中的阴极极化曲线

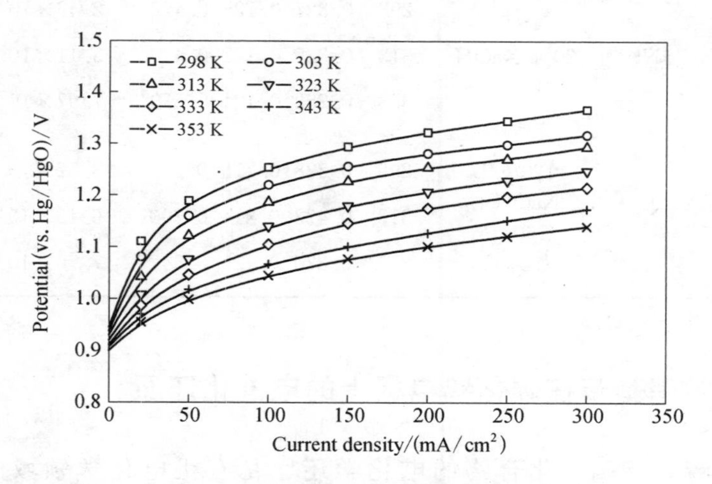

图 3.19 W_2C-Ni 电极在 120 g/L NaOH+160 g/L NaCl 溶液中的极化曲线

电催化性能. 另外，W_2C 电极在碱性溶液中也具有很高的交换电流密度 i^o. 这表明 W_2C 物相的电催化剂适于用作析氢电极，在水电解工业中有良好的应用前景.

表 3.5　W_2C 氢阴极的动力学参数

Electrode	Electrolyte	T/K	a	b	α	i^o/(A/cm^2)
W_2C-PTFE-Cu	20% NaOH	293	0.272	0.103	0.567	2.24×10^{-3}
		313	0.245	0.09	0.687	2.95×10^{-3}
W_2C-PTFE-Pb	4.95 mol/L H_2SO_4	353	0.198	0.08	0.916	2.59×10^{-3}
W_2C-PTFE-Pb	300 g/L H_2SO_4 + 200 g/L $(NH_4)_2SO_4$	293	0.423	0.219	0.266	1.19×10^{-3}
W_2C-Ni	20% NaOH	298	0.327	0.125	0.472	2.42×10^{-3}
		313	0.325	0.142	0.440	5.11×10^{-3}
		353	0.253	0.121	0.579	7.97×10^{-3}
W_2C-Ni	120 g/L NaOH+ 160 g/L NaCl	298	0.528	0.216	0.274	3.52×10^{-3}
		313	0.473	0.214	0.290	6.15×10^{-3}
		353	0.270	0.128	0.547	7.70×10^{-3}

3.5　硝基苯在碳化钨电极上的电催化还原

芳香族硝基化合物的电化学还原是有机电化学领域的一个重要研究方向，具有重要的工业应用价值．以硝基苯为原料经电化学还原合成苯胺和对氨基苯酚的方法具有工艺路线短、产品纯度高、生产成本低和对环境污染小等优点，今年来得到了广泛地研究[170~173]．迄今为止，已有大量文献报道了硝基苯在铜、铜-汞、铜-镍、汞、多晶铜、镍、玻璃碳、钛基纳米

TiO_2 膜电极、金电极、SPE 电极、金、铂等电极材料上的电还原行为[174～184].

目前,碳化钨作为电极材料在电化学体系中的应用已有较多文献报道[185, 186, 189, 190]. 研究还发现[191～193],在碳化钨中掺杂一些金属如 Ni、Mo 等,则可进一步提高它的催化活性. 但碳化钨作为有机电化学合成中阴极材料的研究还很少见诸于报道. 因此,本工作以硝基苯为研究对象,考察不同溶液中硝基苯在碳化钨电极上的电化学还原行为,为碳化钨在有机电化学领域的应用提供一定的实验和理论依据.

3.5.1 酸性溶液中碳化钨电极上硝基苯的电催化还原

3.5.1.1 WC 物相和电极表面形貌分析

图 3.20 为 WC 粉末的 XRD 谱,图中除了出现在 2θ 为 75.5°左右的一杂峰外,谱线显示出典型的 WC 特征峰,表明该 WC 粉末具有较好的物相单一性. 图 3.21 是以 PTFE 为黏结剂的 WC 电极的 SEM 照片.

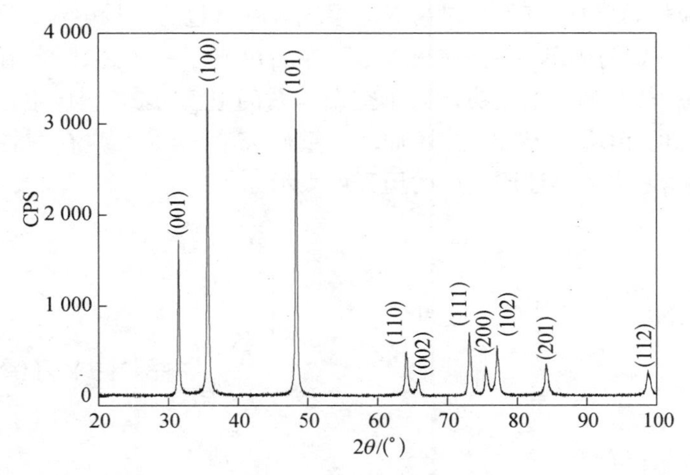

图 3.20 WC 粉末 XRD 谱

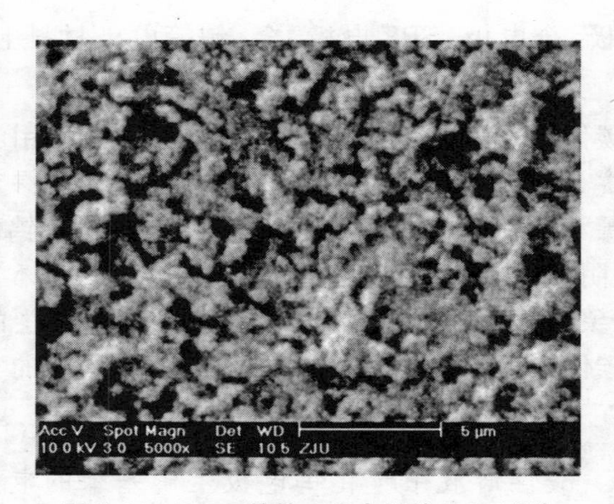

图 3.21 PTFE 粘接 WC 电极的 SEM 照片

3.5.1.2 WC 电极的循环伏安特性

图 3.22 为酸性介质中硝基苯在 WC 电极上的循环伏安曲线. 由图 3.22 中曲线 1 可见,空白体系(含 0.5 mol/L H_2SO_4 的甲醇水溶液)中,在所研究的电位区间内除析氢反应外,没有观察到其他明显的反应峰,其电流基本上是由双电层充电所引起的背景电流. 当加入 0.5 mol/L 的硝基苯后,在 −0.3 V 左右出现了一个还原峰,在更负的电位下,其响应电流明显大于空白体系的电流,这表明该电极在析氢同时也伴随着有机物的还原. 大量研究表明[173, 194],在酸性介质中,硝基苯电化学还原反应的历程可表示如下:

$$C_6H_5NO_2 \xrightarrow[(1)]{4H^+ + 4e^-} C_6H_5NHOH \begin{cases} \xrightarrow[(2)]{2H^+ + 2e^-} C_6H_5NH_2 \\ \xrightarrow[(3)]{\text{酸催化}} p-HOC_6H_4NH_2 \end{cases} \quad (3.2)$$

硝基苯首先从本体溶液扩散至电极表面,得到 4 个电子后经电极反应(1)生成中间产物苯基羟胺,然后该中间产物可以继续在电极表面上得到两个电子,经电极反应(2)生成苯胺;在适当的条件下,苯基羟胺扩散至液相后经化学重排反应(3)生成对氨基苯酚. 由此可见,图 3.22 曲线 2 中出现的还原峰对应于电极反应(1),而在更负电位下发生的电极过程(2)由于受析氢反应的遮蔽而未观察到.

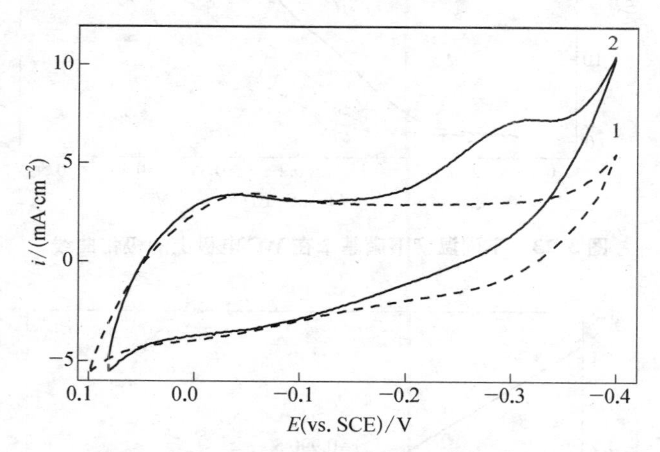

图 3.22　硝基苯在 WC 电极上的循环伏安图

3.5.1.3　稳态极化曲线

图 3.23 为不同温度下硝基苯在 WC 电极上的准稳态极化曲线. 由图可见,适当地升高温度有助于反应的进行. 在图 3.23 中取不同温度下极化电位为−0.28 V 时的响应电流,绘制 $\log i - 1/T$ 的关系图(如图 3.24),两者呈良好的线性关系,相应的线性方程为:

$$\log i = -1\,239.6/T + 5.143\,92$$

相关系数 $r=0.990\,5$. 根据上式求得硝基苯在 WC 电极上还原的表观活化能为 23.7 kJ/mol.

将图 3.23 曲线 2 的 $E \sim i$ 变化关系转换成 $\eta_c - \log i$ 形式,从 η_c 为 0.11～0.60 V 的 Tafel 线性区可求得 25℃时硝基苯在 WC 电极上还原的交换电流密度为 0.256 mA/cm^2.

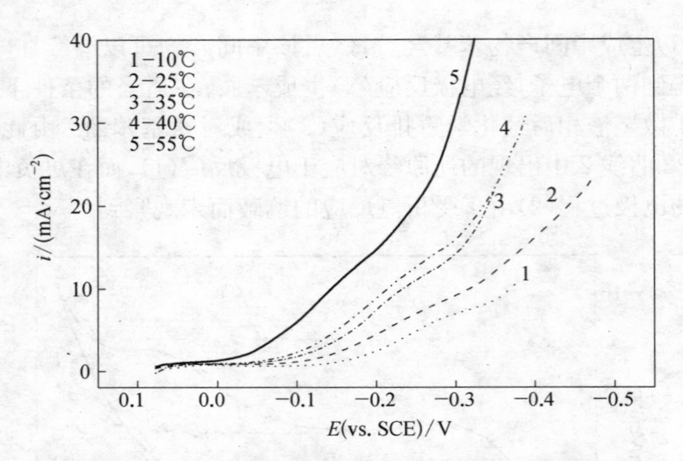

图 3.23 不同温度下硝基苯在 WC 电极上的极化曲线

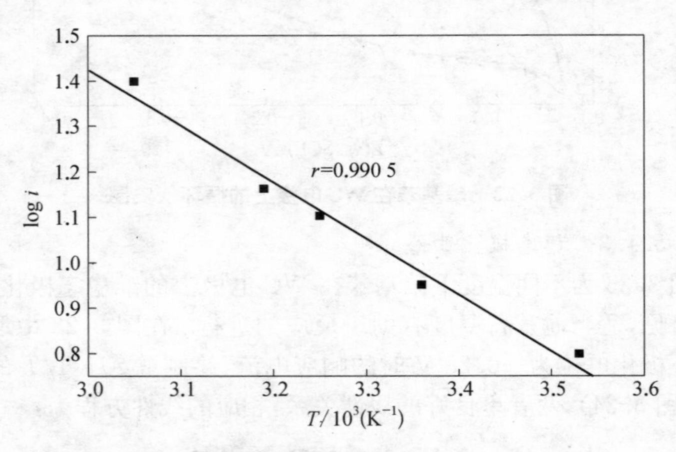

图 3.24 硝基苯在 WC 电极上还原时 log i 与 $1/T$ 之间的关系($\varphi = -0.28$ V)

3.5.1.4 恒电位阶跃测试

有机电化学反应过程中,反应物向电极表面的传质是电极反应过程中的关键步骤之一. 为了研究电化学步骤的动力学特征,通常需要采用各种措施强化传质步骤. 由于在电位阶跃开始的很短一段时间内，响应电流 i 与 $t^{1/2}$ 呈线性关系，利用外推法，可求得 $t=0$ 时无浓差极化影响的动力学电流 $i_{t=0}$，从而可表征电化学步骤的动力学特征[195]. 恒电位阶跃实验给出在不同温度下当电位阶跃至−0.28 V 时，相应的 $i_{t=0}$ 值见表 3.6，对应的 $\log i_{t=0}$ - $1/T$ 线性关系如图 3.25 所示，其线性方程为：

$$\log i_{t=0} = -507.15T + 4.057\,74 \tag{3.3}$$

表 3.6　不同反应温度下恒电位阶跃至−0.28 V 时的 $i_{t=0}$

T/K	291	301	309	318	324
$i_{t=0}$/(mA/cm^2)	126	146	161	184	200

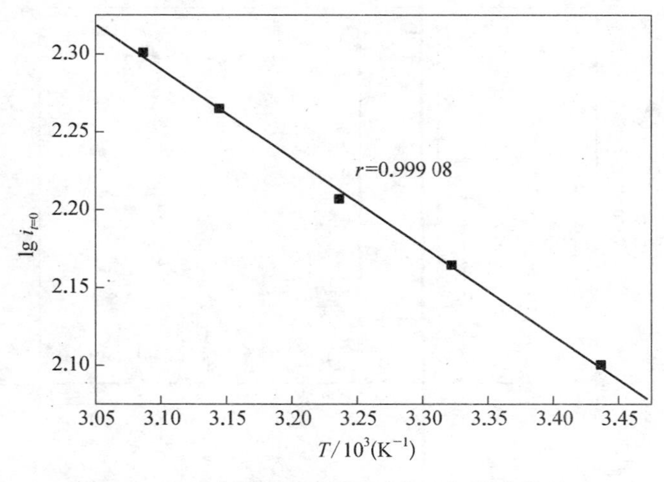

图 3.25　无浓差极化时 $\log i_{t=0}$ 与 $1/T$ 的变化关系

相关系数 $r=0.999\,08$，由公式可求得无浓差扩散时硝基苯在 WC 电极上电还原过程的活化能为 10.91 kJ/mol. 对比前面给出的表观活化能 23.7 kJ/mol，可以判断在 WC 电极上硝基苯电还原之传质步骤和电化学步骤的活化能应该大抵相当，即该电极过程受扩散和电化学步骤混合控制.

3.5.2 碱性溶液中 WC - Ni 电极上硝基苯的电催化还原

由 3.5.1 节研究可见，酸性电解液中 WC 粉末电极对硝基苯的电化学还原具有较好的催化活性. 那么 WC 电极在碱性电解液中对硝基苯电化学还原反应的催化性能又如何呢？本部分工作以 WC - Ni 为阴极材料，着重研究硝基苯在碱性电解液中的电还原行为.

3.5.2.1 WC - Ni 电极的表面结构

图 3.26 为 WC - Ni 粉末的 XRD 图. 由图可见，WC - Ni 复合粉末中除了 WC 纯相外，还有少量的 Ni 和 Ni_2O_3 相存在，但其三强特征谱线仍为 WC 特征谱线.

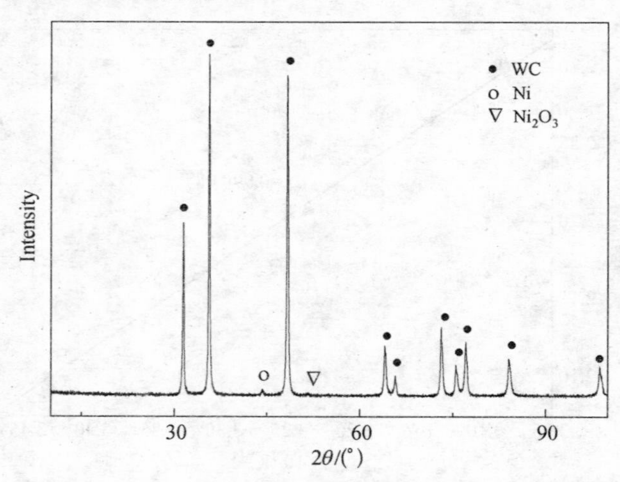

图 3.26 WC - Ni 复合粉末的 XRD 图谱

3.5.2.2 WC - Ni 电极的析氢行为

WC - Ni 电极与 Ni 电极在 0.5 mol/L NaOH 水溶液中的析氢行为如图 3.27 和图 3.28 所示. 由图可见，Ni 电极约在 −1.1 V(vs. SCE)位置出现氢吸附还原峰，WC - Ni 电极在 −0.7 V(vs. SCE)处出现氢的吸附还原峰. 在相同测试条件下，WC - Ni 电极氢吸附峰的

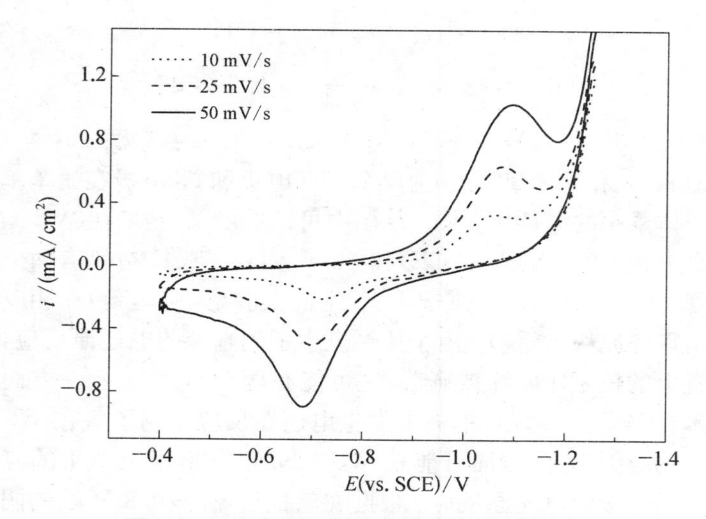

图 3.27　Ni 电极在碱性介质中的循环伏安图

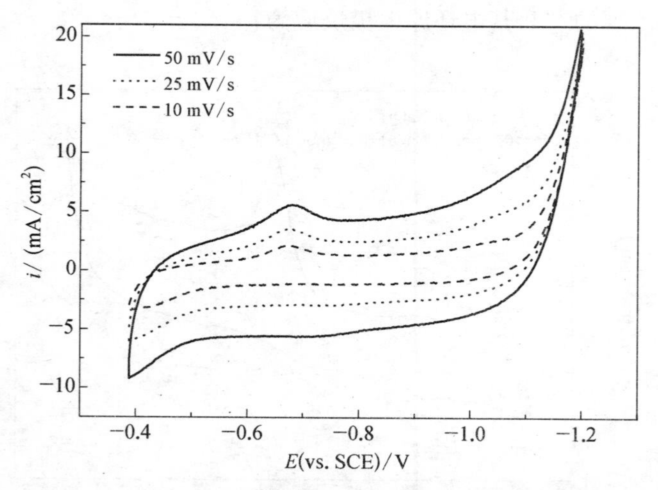

图 3.28　WC－Ni 电极在碱性介质中的循环伏安图

电极电位要比 Ni 电极正得多. 但据文献报道,这两类电极的析氢机理相近,可能的吸附反应为[196]:

$$H_2O + e^- \longrightarrow H_{ads} + OH^- \tag{3.4}$$

$$H_2O + H_{ads} + e^- \longrightarrow H_2 \uparrow + 2OH^- \tag{3.5}$$

3.5.2.3 硝基苯在 WC－Ni 电极上的电化学还原

图 3.29 和图 3.30 分别为 WC－Ni 电极和 Ni 电极在硝基苯电还原反应体系中的循环伏安图. 从图中可以看出,硝基苯在 WC－Ni 复合电极上在－0.8 V(vs. SCE)和－1.0 V(vs. SCE)分别有两个阴极还原峰(实线);在相同测试条件下,空白实验(无硝基苯)在相应位置没有出现还原峰(虚线). 由于体系发生了硝基苯的电还原反应,在附近位置上的析氢还原峰被掩盖,这可能有两个原因[197]:一方面由于硝基苯在 WC－Ni 复合电极上发生电还原反应抑制了氢在 WC－Ni 电极上的吸附;另一方面可能在 WC－Ni 复合电极上产生的氢原子参与了硝基苯的电还原反应. 根据文献报道,在－0.8 V 处的阴极还原峰是硝基苯在 WC－Ni 电极上获得一个电子生成硝基苯阴离子自由基而出现的[176],其电还原电极反应为:

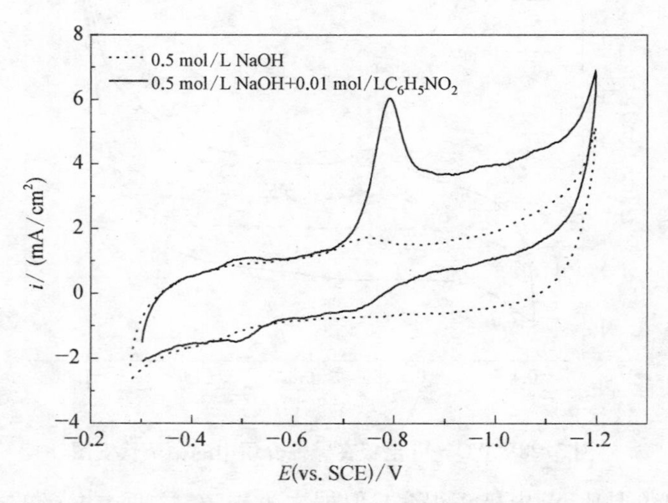

图 3.29 硝基苯在 WC－Ni 电极上的循环伏安图

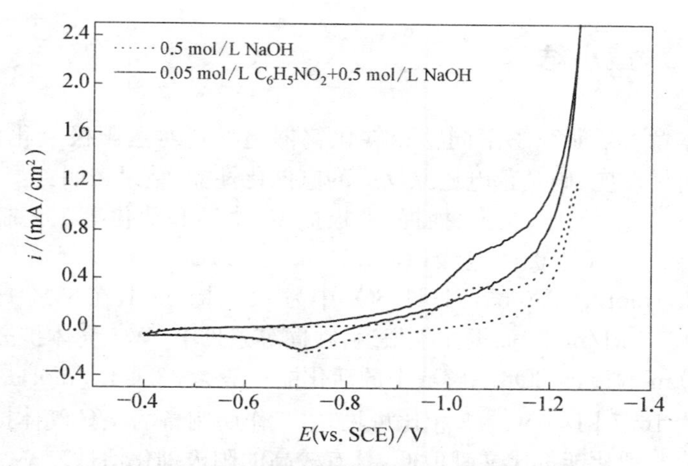

图 3.30　硝基苯在 Ni 电极上的循环伏安图

$$C_6H_5NO_2 + e^- \longrightarrow C_6H_5NO_2^{-\cdot} \tag{3.6}$$

由(3.6)式生成的 $C_6H_5NO_2^{-\cdot}$ 离子在较负的电位下可进一步还原,在碱性介质中最可能的中间产物是苯胲[176]:

$$C_6H_5NO_2^{-\cdot} + 4H_{ads}^+ + 3e^- \longrightarrow C_6H_5NHOH + H_2O \tag{3.7}$$

因其电还原电位较接近析氢电位,易被析氢峰掩盖. 由(3.7)式生成的苯胲,一部分可能进一步经电还原生成苯胺,另一部分在反向扫描时,在−0.78 V(vs. SCE)处氧化生成亚硝基苯. 在第二次扫描过程中,在−0.5V(vs. SCE)处出现了一个新的氧化峰,可能是电极表面上生成的硝基苯还原成硝基苯阴离子自由基的偶合反应峰[178].

从图 3.29 和图 3.30 中还可以看出,硝基苯在 WC-Ni 电极上的还原电位比在相同条件下 Ni 电极上的还原电位正得多,还原电流也大得多,说明在碱性介质中 WC-Ni 粉末电极在硝基苯电还原反应过程中的催化活性远大于 Ni 电极.

3.6 本章小结

本章主要研究了不同物相碳化钨催化材料对氢阳极氧化反应、阴极析氢反应、硝基苯电还原反应的电催化性能，结果表明：

(1) 通过配比、制膜、抽提、电极成型、烧结和活化等工艺制备的防水型 WC 气体扩散电极，在 3.5 mol/L HCl 中的表观活化能为 23.3 kJ/mol，在 2.0 mol/L H_2SO_4 中为 14.5 kJ/mol，在 85% H_3PO_4 中为 13.7 kJ/mol. 而据文献报道，在同等条件下，WC 气体扩散电极在 2.0 mol/L H_2SO_4 电解液中的活化能一般为 33.4 kJ/mol，最佳的电极为 16.7 kJ/mol[161]. 相比可见，本工作所制备的 WC 气体扩散电极的表观活化能都比文献值低，具有较高的阳极催化活性.

(2) 防水型 WC 气体扩散电极的电催化性能与 WC 物相组成、WC 粉末的比表面、WC 粉末载量、聚四氟乙烯乳液用量等因素有关. 通常 WC 物相组成纯度高、比表面大的 WC 粉末样品，相应的电催化活性也高. 在制备电极过程中，WC 粉末载量和聚四氟乙烯乳液用量一般 WC 粉末载量 32.0 mg/cm^2 左右，WC 与 PTFE 配比为 100 ∶ 8 为宜.

(3) 本工作通过优化所制得的防水型 WC 气体扩散电极，在同等条件下与文献值的电极活性相比较发现其具有更高的电催化活性. 如，当电极极化 100 mV 时，本工作的电流密度为 620 mA/g，Böhm 报导的为 220 mA/g[172]；当电极电位在 350 mV 时，本工作的电流密度为 3 020 mA/g，Nikolov 等[171]报导的电流密度为 580 mA/g.

(4) WC 和 W_2C 电极在氢阳极氧化反应过程中，WC 电极的 Tafel 斜率是 W_2C 电极的两倍，说明这两种不同物相的电极在氢阳极氧化反应过程中具有不同的反应机理. WC 电极在反应过程中交换电流密度 i^o 较高，其电催化活性类似于 Pt 电极，适合做这类反应的电催化剂. W_2C 电极的交换电流密度 i^o 与 WC 电极相比，相差约 100 倍(10^{-2})，说明 W_2C 电极在 HCl 溶液中进行氢阳极氧化反应时其电催化活性很低，不宜做这类反应的电催化剂.

(5) 通过稳态极化法测定了 W_2C 析氢阴极的极化曲线，并通过计算获得了不同电解液中 W_2C 氢阴极的动力学参数. 结果表明，W_2C 电极对析氢反应有很高的电催化性能，其某些动力学参数类似于 Pt 电极. 另外，W_2C 电极在碱性溶液中也具有很高的交换电流密度 i^o. 上述结果说明 W_2C 物相电催化剂适合于各种条件下的析氢反应，在水电解工业中具有良好的应用前景.

(6) 在酸性介质中 WC 粉末电极对硝基苯的电化学还原具有较好的催化活性. 电还原过程受扩散和电化学步骤混合控制. 硝基苯在 WC 电极表面上电化学还原的表观活化能为 23.7 kJ/mol，其中电化学步骤的活化能为 10.91 kJ/mol.

(7) 采用循环伏安法研究了 WC-Ni 粉末电极在碱性介质中硝基苯电化学还原的特性. 结果发现 WC-Ni 电极在硝基苯电还原反应过程中呈现出明显的特征峰，并具有较高的峰电流. WC-Ni 电极的峰电流是 Ni 电极的 3 倍多，具有更高的电催化活性.

第四章　碳化钨催化剂在电氧化过程中的稳定性研究

4.1　引言

迄今为止,人们对 WC 催化剂的研究工作大多集中在化学催化活性、氢阳极氧化反应的催化活性及其在各领域中的应用等方面[198~228],但对 WC 自身的电化学氧化反应以及在此过程中所伴随的物质变化等问题则很少有文献报道. 通常,电极材料的电化学稳定性,尤其是阳极材料的电氧化行为,在电化学实际体系的应用、控制及使用寿命等方面具有十分重要的意义. 为此,本章在研究 WC 催化剂制备和性能的基础上[229~232],采用恒电流阳极充电法[233]分别研究了 WC 催化剂在不同电解液中的阳极行为和稳定性.

4.2　实验部分

4.2.1　嵌入式 WC 粉末电极制备

采用与 3.2.1(A)相同的方法制得乙炔黑防水透气膜,然后将两片乙炔黑防水膜中间夹一层导电网叠放平整,放在模具上,用油压机以 50 MPa 的压力冷压成型;然后用铝片(铝片中打有许多小孔)把电极夹住,在 N_2 保护下于 350℃烧结 30 min 后,停止加热;待自然冷却后将电极取出;用有机玻璃胶水把有机玻璃气室粘在电极的一侧,待完全干燥后,将定量的碳化钨催化剂粉末平铺在电极的防水膜表面上,用牛角匙轻磨至 WC 催化剂粉末全部嵌入在防水膜中,即得 WC 嵌入式粉末电极,如图 4.1 所示.

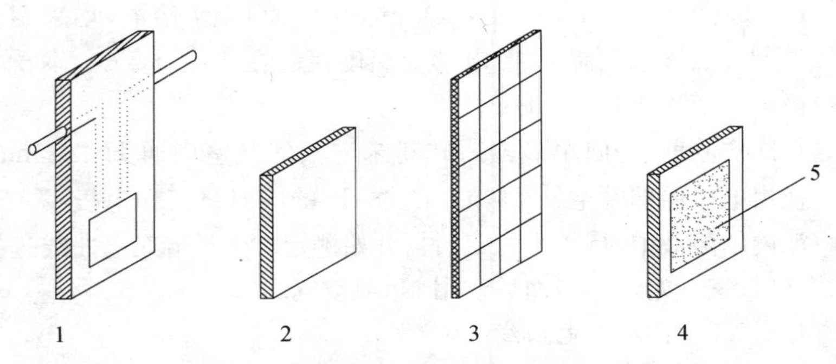

图 4.1 碳化钨催化剂嵌入式粉末电极结构示意图

4.2.2 电化学测试

4.2.2.1 氢、氧吸附充电曲线测定

实验在三电极电解池中进行，测试线路如图 4.2 所示．工作电极为 WC 嵌入式粉末电极，电极几何面积为 6.5 cm^2；辅助电极和参比电极分别为大面积铂片和动态氢电极（DHE）．电解液分别为

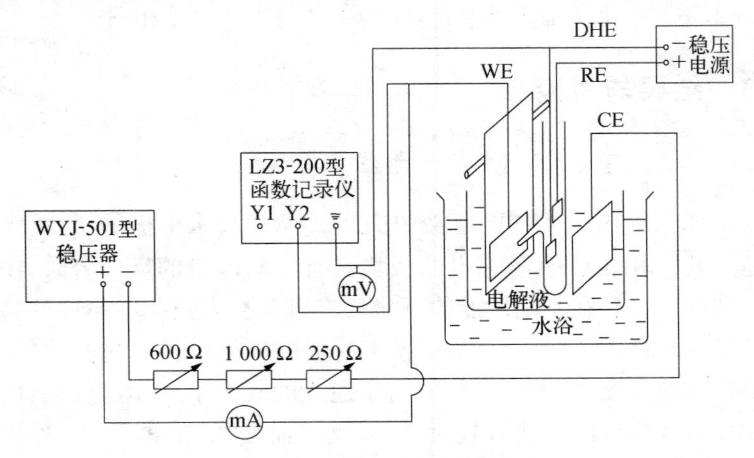

图 4.2 WC 阳极充电曲线测定装置

5.0 mol/L HCl、2.0 mol/L H_2SO_4 和 10% KOH 水溶液，均采用分析纯试剂和蒸馏水配制而成. 电解池温度控制在 40±0.5℃. 本章中的电极电位值均相对于 DHE.

每次实验前，先向 WC 嵌入式粉末电极的气室中通 H_2 20 min，以置换出电极内部的空气. 然后，在通 H_2 的同时将工作电极浸入至电解池内的溶液中，待体系稳定后再开始测定. 在测定充电曲线过程中，电极气室开始通 H_2，而后改用 N_2 或空气.

4.2.2.2 阳极充电曲线测定

测试条件与 4.2.2.1 相同. 每次测定前，工作电极先在电解槽外通 H_2 20 min，以置换出电极内的空气，然后在继续通 H_2 的同时，将工作电极放入电解槽内，待体系稳定后，开始测定. 测定过程中，气室中先通 H_2 以测定氢阳极氧化反应的充电曲线，后改通 N_2 或空气，测定 WC 催化剂粉末电氧化反应的充电曲线.

4.2.2.3 循环伏安曲线测定

嵌入式 WC 粉末电极的循环伏安曲线采用美国 EG&G 公司生产的 273 A 电化学工作站测定，实验条件与 4.2.2.1 相同.

4.3 结果与讨论

4.3.1 氢、氧吸附充电曲线

图 4.3 给出在盐酸电解液中嵌入式 WC 粉末电极的氢、氧吸附充电曲线. 由图可见，各充电曲线均具有不同电量的反应台阶，说明充电曲线中将存在不同性能的氧化反应以及充电过程中不同的特征反应阶段. 曲线 A 和 B 为 WC 粉末材料制成的样品的充电曲线，虽然电极材料和充电电流相同，但由于通入的气体不一样，电极表面的氧化反应及曲线的形状有较大差异. 其中曲线 A 气室通 N_2，外界通入的电量除电极双电层充电（图 4.3 B、C 曲线中的 bc 线段）以外，电极表面上出现了氧的吸附过程：

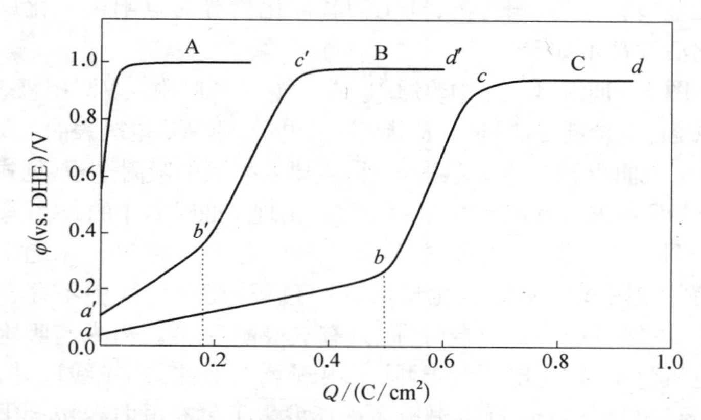

图 4.3　嵌入式 WC 粉末电极氢、氧吸附充电曲线；A,B 曲线—WC 粉末电极;C 曲线—Pt 电极；充电电流：10 mA

$$H_2O_{吸} \longrightarrow OH_{吸} + H^+ + e^- \tag{4.1}$$

$$OH_{吸} \longrightarrow O_{吸} + H^+ + e^- \tag{4.2}$$

WC 粉末与吸附氧发生了电氧化反应，在电极表面上生成钨的氧化物，并出现曲线 B 和 C 中的 *cd* 线段.

图 4.3 曲线 B 气室中通 H_2，电极表面发生了氢吸附和氢阳极氧化两种反应过程：

$$H_2 \xrightarrow{\text{I}} 2H_{吸} \xrightarrow{\text{II}} 2H^+ + 2e^- \tag{4.3}$$

由实验可知，曲线 B 充电曲线中的 *ab* 线段是通过 WC 电极气室长时间通 H_2，使电极表面的 WC 粉末在 H_2 气氛中充分吸附，然后经外界通入电量使吸附的氢原子发生电氧化反应而形成的充电曲线，因此电极上消耗的电量即标志着 WC 电极表面氢的吸附量以及氢阳极氧化反应的电催化活性. 从图 4.3 中的 B、C 曲线可见，WC 电极在此过程中消耗的电量约 0.17 C/cm^2，铂电极为 0.48 C/cm^2，铂电极消耗的电量是 WC 电极的 2.8 倍，说明氢在铂电极上的吸附量要比 WC 电极强得多，但在酸性电解液中，除铂电催化剂以外，至今研究过的过度金属碳化物、硼化物、氢化物和硅化物等对氢阳极氧化反应的电催化活性都不如 WC[228].

若图 4.3 曲线 B 气室中改通 N_2 或空气,或原吸附在 WC 电极表面上的氢原子已完全耗尽,同时外界继续通入电量,则 WC 电极表面上除双电层充电形成曲线 B 中的 *bc* 线段以外,主要发生氧的吸附过程(见式 4.1、4.2)和 WC 粉末与吸附氧的电氧化反应,出现了曲线 B 中的 *cd* 线段.

由图 4.3 可见,充电曲线 A 由于 WC 电极只通 N_2,未通 H_2,尚无经历氢吸附和氢阳极氧化反应这一过程,充电曲线中不存在曲线 B、C 中 *ab* 线段这一反应台阶,而只有氧吸附和 WC 粉末与吸附氧发生的电氧化反应. 充电曲线 B,除了出现氧充电曲线 *cd* 线段外,由于开始 WC 电极气室通 H_2,电极表面还发生了氢充电曲线 *ab* 线段. 由此可见,嵌入式 WC 粉末电极在酸性电解液中不但对氢具有吸附和氧化作用,而且对氧同样会发生吸附和氧化反应,因此 WC 电催化剂在阳极的使用过程中,必须掌握氢、氧吸附和氧化反应的一些性能和规律,才能有效控制和发挥 WC 电催化剂的作用.

4.3.2 酸性电解液中的电化学氧化行为

图 4.4 分别给出嵌入式 WC 粉末电极在酸性电解液中的阳极充电曲线. 图中(a)、(b)充电曲线分别有三个反应台阶,其中台阶 1 表示电极气室通 H_2,电极表面进行氢阳极氧化反应,电极电位约420 mV,若不间断地通 H_2,则此台阶将沿着图中的虚线 1 持续下去,表明 WC 粉末对氢具有较强的吸附作用和良好的电催化氧化活性.

台阶 2 表示电极气室改通 N_2,电极表面出现氧的吸附,电极电位约 800~900 mV,WC 粉末中的钨开始发生电氧化反应,电极表面上出现蓝色氧化钨. 由表 4.1 可见,在此台阶中以 2.0 mol/L H_2SO_4 为电解液,WC 电极表面上发生钨的氧化反应,WC 中的 W 氧化成 W^{+5},属 1 电子反应,生成 W_2O_5 氧化物;若以 3.50 mol/L HCl 为电解液,电极表面上 WC 中的 W 氧化成 $W^{+5.75}$,属 1.75 电子反应,生成 W_8O_{23} 氧化物.

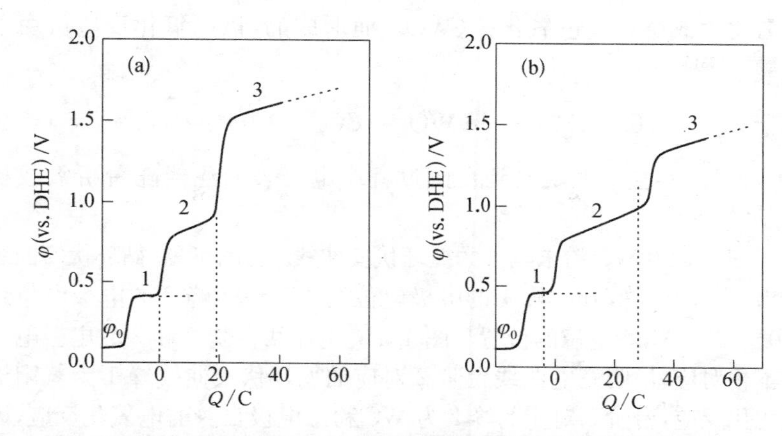

图 4.4 酸性电解液中嵌入式 WC 粉末电极的阳极充电曲线；
a—2.0 mol/L H_2SO_4；b—3.5 mol/L HCl WC 粉末载量：
6.15 mg/cm²；充电电流：20 mA；反应温度：40±0.5℃

表 4.1 嵌入式 WC 粉末电极充电曲线上各个台阶相应的电极过程

电解液	开路电位 φ_0/mV	台阶 1			台阶 2		台阶 3		
		电位/mV	电极过程	电位范围/mV	消耗电量 Q/C	电极表面产物	电位范围/mV	电极表面产物	其他反应
2.0 mol/L H_2SO_4	~80	~420	H_2 离子化	800~900	19.6	浅蓝色氧化钨和碳	1 500~1 700	黄色氧化钨 CO_2	析 O_2
3.5 mol/L HCl	~80	~420	H_2 离子化	800~900	34.7	浅蓝色氧化钨和碳	1 300~1 400	黄色氧化钨 CO_2	析 Cl_2
2.5 mol/L KOH	~350	830~850	H_2 离子化 W 部分氧化	900~1 300	60~115	浅黄色氧化钨 CO_2	1 900~2 000	黄色氧化钨 CO_2	析 O_2

台阶 3 为 WC 的深度电氧化过程. 此台阶是 WC 粉末全部氧化成蓝色氧化钨以后，体系继续充电，并通 N_2 或空气，蓝色氧化钨进一

步氧化生成稳态黄色氧化钨（WO_3）而形成的，该电氧化反应可由下式表示[234]：

$$WC + 5H_2O \longrightarrow WO_3 + CO_2 + 10H^+ + 10e^- \qquad (4.4)$$

另外，实验中也观察到在此过程中电极表面还伴随着析氧或析氯反应.

图 4.5 为 WC 粉末电极的循环伏安曲线. 由图可见，循环伏安曲线中出现了两个峰，其中峰 1 的电极电位约 450 mV，峰 2 的电极电位约 800～830 mV，峰电位的位置与图 4.4 充电曲线台阶 2 和 3 的电极电位基本相对应，说明充电曲线台阶 2 对应的循环伏安曲线峰 1 为氢阳极氧化化反应，台阶 3 对应的峰 2 为 WC 粉末电极自身的电氧化反应，因此两种测试方法都符合 WC 粉末电极在阳极反应过程中的客观性质.

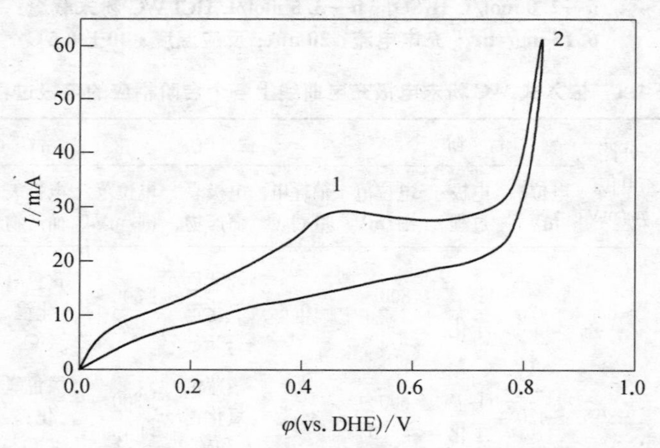

图 4.5　嵌入式 WC 粉末电极的循环伏安图

4.3.3　碱性溶液中的阳极充电曲线

图 4.6 为 KOH 溶液中的阳极充电曲线. 与图 4.4 类似，图 4.6 也有 3 个反应台阶. 其中台阶 1 的电极电位基本上与酸性溶液中的台阶 2 相当，电极电位为 830 mV 左右，说明该台阶除少量的 H_2 阳极

氧化反应以外，主要发生 WC 自身的电氧化反应(见表 4.1)．当停止向气室通 H_2 而改通 N_2 或空气时，电极电位从台阶 1 直接跳至台阶 2，台阶之间变化不大，说明在台阶 1 时 WC 粉末对氢阳极氧化反应的电催化活性不明显，通入的电量主要消耗在钨的电氧化反应中，电极反应体系处于不稳定状态．由于台阶 2 电极表面上发生钨和碳两种不同的电氧化反应，同时碳在氧化过程中消耗的电量不同，因此在氧化反应中消耗的电量值很不稳定，变化较大，由图 4.6 和表 4.1 可见，台阶 2 消耗的电量一般为 60～115 C，同时在电极表面上生成的产物为黄色氧化钨(WO_3)和二氧化碳，与图 4.4 充电曲线台阶 2 生成的蓝色氧化钨和碳不同.

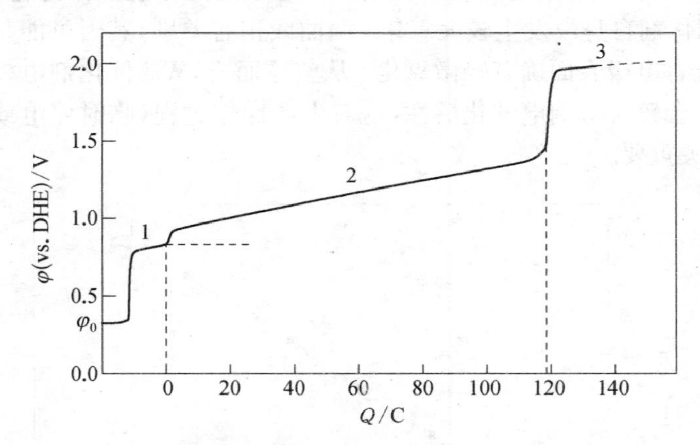

图 4.6　碱性电解液中嵌入式 WC 粉末电极的阳极充电曲线

台阶 3 由于电极表面上的 WC 粉末基本上都已氧化成黄色氧化钨，因此外界通入的电量除用于极少量未氧化的钨和结合碳继续氧化以外，主要用于析 O_2 和析 Cl_2 反应，台阶较为平坦.

4.4　碳化钨催化剂在空气中的抗氧化性

WC 催化剂在空气中抗氧化性如何，直接与电极制备(确定制备工艺)、使用(停电或维修)、保存(包装形式及保存时间)等问题有关. 本工作在酸性电解液中,用 WC 嵌入式粉末电极作稳态极化曲线考察这个问题.

将新制作的 WC 嵌入式粉末电极在 3.5 mol/L HCl 电解液中,通 H_2,测出阳极稳态极化曲线图 4.7 曲线 1. 而后,把曲线 1 极化过的同一电极暴露在空气中,其电极表面仍有 HCl 水溶液,始终保持湿润. 电极在空气中暴露 5 天(114 h)后,控制与图 4.7 曲线 1 的同等条件,测出其极化曲线(图 4.7 曲线 2). 从图 4.7 可以看出,曲线 2 比曲线 1 的催化活性稍低些,但差别不大,且形状基本相似,说明在空气中暴露 5 天的工作电极表面没有受到较大破坏,基本保持稳定,即 WC 催化剂自身没发生较大氧化. 两曲线稍有差别,其因可能是测量误差或者电极表面确有轻微氧化. 从整体而言,WC 催化剂电极在空气中不会较大影响电催化活性,这对生产操作过程(临时停电或维修等)至关重要.

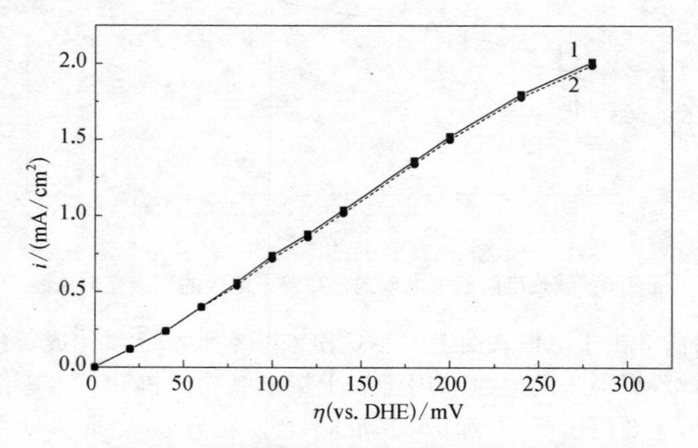

图 4.7　碳化钨嵌入式粉末电极稳态极化曲线

图 4.8 给出在不同条件下 WC 嵌入式粉末电极在 3.5 mol/L HCl 中的稳态极化曲线. 曲线 1 由新制作的 WC 粉末电极测出. 曲线 2 是将曲线 1 极化过的同一电极,经蒸馏水冲洗电极表面,而后在

空气中用红外灯烘干约 10 min,再放入电解池内测定而获得的曲线. 曲线 3 由曲线 1 和曲线 2 极化过的同一电极再次经红外灯烘干,在空气中暴露 12 h,电极表面完全干透的条件下测出. 由图可见,曲线 2 经红外灯烘干处理后,其催化活性反而比曲线 1 有所提高. 电极表面活性增加不是经红外灯烘干处理造成的,而是电极表面在曲线 1 极化时使催化剂活化的结果. 但无论怎样,此现象至少可以说明:潮湿的 WC 催化剂或 WC 电极表面在空气中加热、烘干(低于 270℃以下)不会使之氧化. 曲线 3 比曲线 2 的活性差一些,说明 WC 电极表面在完全干透的情况下有所变化,但没有像其它催化剂那样完全失活. 通常,极化过的工作电极,其催化表面充满着 H 原子和 H_2 分子,若暴露在空气中,极易与空气中的氧气作用,导致电极表面自身氧化,使电极性能急剧下降,尤其在极化过的潮湿表面加热、加温,则氧化会更加严重,而 WC 电极在这些恶劣环境下仍能保持其催化活性,不严重失活,说明 WC 电极在空气中具有较强的抗氧化能力,这对电极制备、使用和保存十分有利.

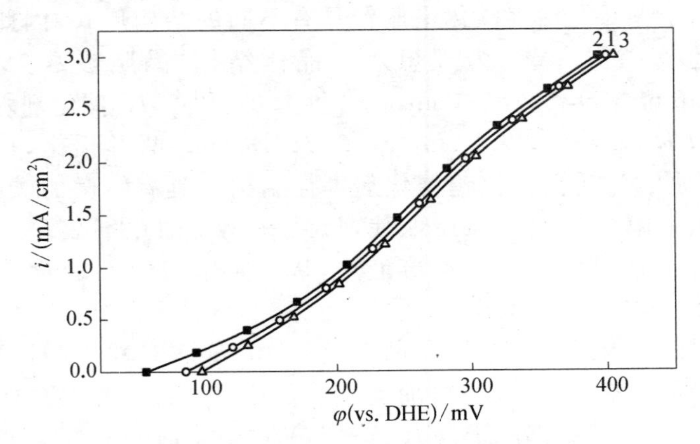

图 4.8　碳化钨嵌入式粉末电极稳态极化曲线

碳化钨催化剂抗氧化性特征与其表面结构有关. 前已指出,活性碳化钨催化剂表面属缺碳含氧结构,以 W—O 共价键形式存在. 由于氧取代碳，稳定了周围钨和碳原子扰动，降低了表面活性．另外，WC催化剂在酸性电解液存在下，氧化需经过与电解液中H_2O分子的化学反应过程，而W—O共价键却能减弱H_2O分子和O－W－C中心的相互作用，减缓WC表面氧化．相反，若不是缺碳含氧的碳化钨，就不具备这种抗氧化性特征．

4.5 碳化钨电化学氧化机理的研究

基于上述研究，在下文中测定了WC嵌入式粉末电极在3.5 mol/L HCl、2.0 mol/L H_2SO_4和2.5 mol/L KOH溶液中的阳极充电曲线，求得WC粉末电氧化过程中所消耗的电量、分析电极表面上各阶段所生成的氧化物，在此基础上对碳化钨的电化学氧化机理进行了探讨．

4.5.1 理论计算

由于WC与活性碳化钨比较具有不同的结构形式，因此其化合价也有差异．WC为理想六方晶体结构，晶胞参数为：$a=0.2906$ nm，$c=0.2836$ nm，化合价为0；活性WC催化剂六方晶胞参数为：$a=0.2900$ nm，$c=0.2843$ nm．两者相比，稍有偏差，其原因为活性碳化钨催化剂本征结构中具有轻微的碳缺陷．这种碳缺陷的位置由氧所取代，以致在WC催化剂表面上形成W—O共价键，因此，在水溶液中，WC催化剂中钨的化合价为＋4价．

假设嵌入式粉末电极表面上负载40 mg WC粉末，且WC中的钨全部电氧化成氧化物，而无其它反应发生．已知WC的分子量为195.8，其中钨原子量为183.8，WC催化剂中W的克当量数为0.000 204 3．根据法拉第定律，若WC催化剂电氧化反应为1个电子时，则理论消耗电量应为19.72 C；若2个电子时，则为39.44 C．

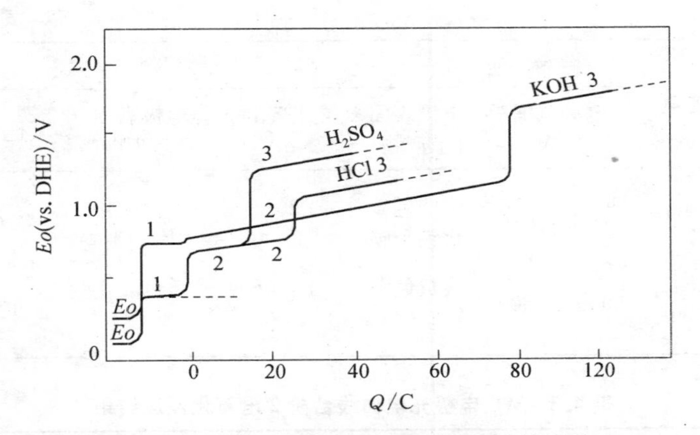

图 4.9　嵌入式 WC 粉末电极的阳极充电曲线

4.5.2　电氧化机理探讨

图 4.9 给出嵌入式 WC 粉末电极在三种不同电解液中的阳极充电曲线. 图中各充电曲线的 WC 粉末载量均为 40 mg,与理论计算量一致. 充电曲线中各台阶的氧化行为参见图 4.4 和图 4.6. 由于台阶 2 和 3 主要为 WC 粉末的电氧化反应,故以下着重讨论此二台阶中的电氧化行为. 图 4.9 中台阶 2、3 与电极表面上相对应的实验现象见表 4.2. 嵌入式 WC 粉末电极在三种不同电解液中充电曲线台阶 2 的电氧化反应结果见表 4.3.

表 4.2　WC 电极在不同电解液中的电氧化反应产物

电解液	台　阶　2		台　阶　3		其他反应
	电势范围/mV	电极表面上产物	电势范围/mV	电极表面上产物	
2.0 mol/L H_2SO_4	800～900	浅蓝色氧化钨和碳	1 500～1 700	黄色氧化钨 CO_2	析 O_2

续　表

电解液	台阶 2		台阶 3		其他反应
	电势范围/mV	电极表面上产物	电势范围/mV	电极表面上产物	
3.5 mol/L HCl	800～900	深蓝色氧化钨和碳	1 300～1 400	黄色氧化钨 CO_2	析 Cl_2
10% KOH	900～1 300	浅黄色氧化钨＋CO_2	1 900～2 000	黄色氧化钨 CO_2	析 O_2

表 4.3　WC 电极充电曲线台阶 2 电氧化反应结果

电解液/(mol/L)	反应电子数	电极表面上的产物
2.0 H_2SO_4	1.00	W_2O_5
3.5 HCl	1.75	W_8O_{23}
2.5 KOH	2.00	WO_3

4.5.2.1　WC 在酸性电解液中的电氧化机理

从图 4.9 和表 4.1 可以看出，酸性电解液中 WC 粉末充电曲线台阶 2(800～900 mV，vs. DHE)所消耗的电量完全用于 WC 粉末与吸附氧的电氧化反应，并在电极表面上形成蓝色氧化物和碳，因此，从反应消耗的电量与形成氧化物之间的关系可以确定反应过程中的电子数变化的情况. 表 4.4 给出 40 mg WC 粉末在两种酸性电解液中实验测定和理论计算消耗的电量值. 其中实验测定的电量按每次实验的平均值计算.

从表 4.4 可知，在 2.0 mol/L H_2SO_4 电解液中，若 WC 粉末与吸氧反应以 1 电子形式在电极表面上发生电氧化反应，则实验测定的电量与理论计算值基本一致，其电化学半反应式为：

$$WC \longrightarrow W^{+5} + e^- \tag{4.5}$$

表 4.4　嵌入式 WC 粉末电极充电曲线台阶 2 的电量

电解液/($mol \cdot L^{-1}$)	假设反应电子数	理论计算电量/C	实验测定电量(平均值)/C
2.0 H_2SO_4	1	19.72	19.58±0.28
3.5 HCl	2	39.44	34.66±0.73

在此条件下，WC 粉末的电氧化反应可认为是 1 电子反应，电极表面上氧化形成的浅蓝色氧化物为 W_2O_5. 在 3.5 mol/L HCl 电解液中，WC 粉末参与电氧化反应实际消耗的电量却低于理论计算值. 若将理论计算值与实验测定值按比例计算，此氧化反应的电子数为 39.44 ∶ 2.000＝34.66 ∶ x，x＝1.758. 若假设此电氧化反应的电子数为 1.758，属非化学计量反应，则在此条件下 WC 粉末电氧化反应生成的氧化物应为 $W^{+5.758}$. 由文献可知[235]，$W^{+5.750}$ 价态的物质为 W_8O_{23}，属不稳定蓝色氧化物. 这与按比例计算的 $W^{+5.758}$ 和表 4.1 中相应产物的颜色相比，较为吻合. 因此，在 3.5 mol/L HCl 中，WC 粉末电氧化过程反应的电子数为 1.750，电极表面上生成的产物为 W_8O_{23}.

从图 4.9 充电曲线台阶 3 和表 4.1 相对应的电极产物可知，在此过程中，电极表面上的氧化物已由台阶 2 的蓝色氧化物转变为黄色氧化物和二氧化碳，同时发生析 O_2 或析 Cl_2 反应. 由于此过程具有多个氧化反应，故未能测出 WC 中钨深度氧化所消耗的电量，但经分析表明，此过程在电极表面上最终生成的产物为稳定黄色 WO_3. 因此，这两种不同酸性电解液在电极表面上从台阶 2 进入台阶 3 的氧化物价态变化和电子转移情况可考虑为：

在 2.0 mol/L H_2SO_4 溶液中　$W^{+5} \longrightarrow W^{+6} + e^-$　(4.6)

在 3.5 mol/L HCl 溶液中　$W^{+5.75} \longrightarrow W^{+6} + 0.25e^-$　(4.7)

由上述分析可知，在不同的酸性电解液中，WC 粉末电氧化过程中具有不同的价态变化和电子转移形式，即电氧化中间态不同，但最后的氧化态相同. 由此可见，WC 粉末在整个电氧化过程中将经历如下步骤：

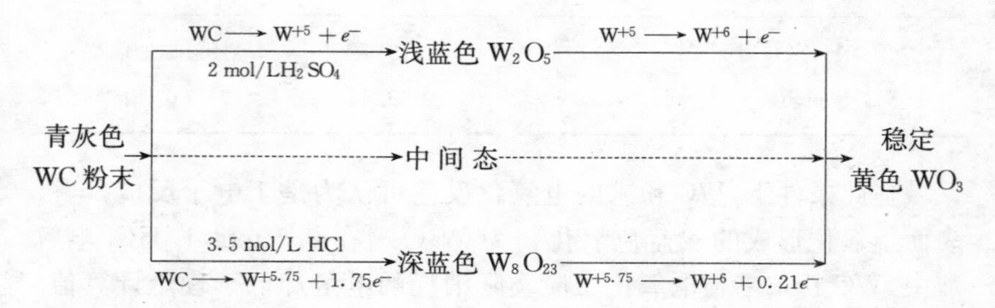

这两种酸性电解液在电氧化过程中价态及电子数的差异，主要与酸中的导电能力(即离子移动速率)以及电极表面上氧的吸附能力等有关.

上述 WC 粉末电氧化过程中各步骤的颜色变化与在空气中的自燃过程[236]的颜色变化完全一致，表明 WC 粉末无论用电化学氧化还是在空气中与氧发生化学氧化反应都将经过蓝色氧化物这一中间步骤.

4.5.2.2 WC 在碱性溶液中的电氧化机理

从表 4.1 可以看出，在 2.5 mol/L KOH 电解液中，WC 粉末在充电曲线台阶 2 的电极表面上已出现黄色氧化物和二氧化碳. 由图 4.6 可见，此台阶的电量已超出 WC 中 W 电氧化所消耗的电量，且不稳定，台阶中的电量为 60～115 C，其因主要由 WC 中结合碳的氧化程度所致. 而在酸性电解液中，WC 粉末充电曲线台阶 2 生成的产物却是不稳定蓝色氧化物，台阶 3 为黄色氧化物和二氧化碳，与碱性电解液台阶 2 中的产物相同. 显然，在碱性电解液中，WC 粉末的电氧化过程不像酸性电解液那样分两步氧化成最终氧化物，中间具有过渡态，而是一步就深度氧化成稳态 WO_3，因此，经历的步骤较为简单：

$$\text{WC 粉末} \xrightarrow[2.5\ \text{mol} \cdot \text{L}^{-1}\text{KOH}]{WC \longrightarrow W^{+6} + 2e^-} \text{稳态黄色 } WO_8 \qquad (4.8)$$

4.6 本章小结

1. 在酸性电解液中 WC 粉末电极的电极电位若低于 800 mV，WC 粉末对氢离子化反应具有良好的电催化活性和电化学稳定性，其性能与铂电极相类似，可用于燃料电池氢离子化反应等体系. 若电极电位高于 800 mV，WC 粉末电极中的 W 开始发生电氧化反应，电极表面的活性中心受到破坏，电极处于不稳定状态，因此 WC 电极在高电电位条件下的电化学稳定性仍不如铂，在使用过程中应严格控制电极电位的合适范围.

2. 在碱性电解液中 WC 粉末电极对氢离子化反应的电催化作用较差，反应过程主要是 WC 粉末的电氧化反应或析气反应，因此 WC 粉末不宜在碱性电解液体系中应用.

3. 在 2.0 mol/L H_2SO_4 电解液中，若电极电位大于 800 mV(vs. DHE)，则电极表面上的碳化钨催化剂被氧化成 W_2O_5，电氧化过程属 1 电子反应；在 3.5 mol/LHCl 中，电极表面上生成的产物为 W_8O_{23}，属 1.75 电子反应. 在 2.5 mol/L KOH 电解液中，WC 粉末的电氧化过程未经中间氧化态的变化一步就氧化成 WO_3，为 2 电子氧化反应.

第五章 介孔结构空心球状碳化钨粉体的制备与表征

5.1 引言

近年来,国内外有大量的文献报道碳化钨催化剂的制备方法. 具有代表性的有: 程序升温法[237~242]、室温化学还原法[243, 244]、分子途径合成法[245]、固相交换反应法[246, 247]、反应物元素调制低温合成法[248]、碱金属醇盐低温还原法[249]、钨吡啶络合物低温热处理法[250]、乙炔黑-钨混合物冲击波法[251]、丙烯裂解碳覆膜法[252]、惰性铜基质固相合成法[253]和低温气固反应法[254]等.

在上述制备方法中,应用较多、研究相对深入的是程序升温法. 研究表明,在程序升温制备碳化钨的过程中,WC 产物的性能取决于制备过程中的工艺条件[255~259],其最重要的合成工艺参数是气体流速、温度、升温速率和 H/C 比例. 在还原碳化过程中,还原性气体碳氢化合物的种类对碳化钨催化剂的结构和催化性能有较大的影响[260, 261];碳化钨的结构和化学组成对其催化性能也有较大影响[262~264]. 上述结果表明,特殊结构碳化钨催化剂的制备具有十分重要的理论研究意义和实际应用价值.

目前已有的制备方法通常过于注重制备工艺条件、碳化钨催化剂颗粒形貌与结构的控制,以及原料的选择,而没有将上述诸方面的影响因素看作是一个相互联系的有机整体,尤其是没有注意碳化钨催化剂中间体结构与形貌的控制. 本章首次将碳化钨催化剂制备过程中的原料选择、中间体结构与形貌控制、制备工艺参数控制和最终产物结构与形貌控制这四个主要的过程看作是一个相互影响的有机整体，以偏钨酸铵为钨源，一氧化碳为还原性气体和碳源，二氧化碳用于平衡CO岐化反应，以防止WC表面的积碳，采用喷雾干燥微球化处理-程序升温气固反应法和急冷处理技术，制备了分散性良好、具有介孔结构空心球状的碳化钨粉体.

5.2 介孔结构空心球状碳化钨粉体的制备

5.2.1 实验试剂

钨源：偏钨酸铵[$(NH_4)_2W_4O_{13}\cdot XH_2O$ (AMT)，WO_3≥89%]，碳源：CO(99.98%)，CO_2(≥90%).

5.2.2 主要实验仪器

喷雾干燥仪(BÜCHI Spray Dryer B－290)；管式电阻炉(SK2－2－10)；温度控制器(KSJ系列)；X射线衍射分析仪(XRD)(Thermo ARL SCINTAG X′TRA，CuKα靶，管流40 mA，管压45 kV，步长0.04°，扫描速度2.4(°)/min，范围15～85°)；X射线能谱仪(Thermo NORAN VANTAGE EIS)；扫描电子显微镜(SEM)(Hitachi S－4700Ⅱ)；TG－DTA(Pyris diamond，空气气氛，气体流速100 mL/min，升温速率10℃/min).

5.2.3 介孔结构空心球状碳化钨粉体的制备工艺

5.2.3.1 前驱体制备

称取一定量的偏钨酸铵(AMT)配置成重量百分比为15%～20%的水溶液，室温下在磁力搅拌器搅拌的同时将该溶液导入喷雾干燥仪中进行喷雾干燥微球化处理，喷雾干燥微球化处理过程中空气流速为35 m^3/h，流体流速为15 mL/min，入口温度为165℃；出口温度为105℃，喷雾干燥微球化处理后的粉体即为前驱体，收集待用.

在前驱体制备过程中，采用气流式喷雾干燥系统制备的前驱体为光滑空心球体，如图5.1所示.

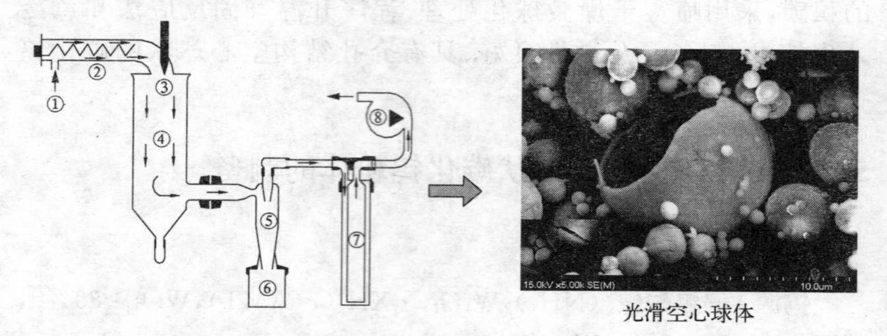

光滑空心球体

图5.1　气流式喷雾干燥系统制备前驱体工艺流程图

采用离心式喷雾干燥系统制备的前驱体为粗糙实心球体，如图5.2所示.

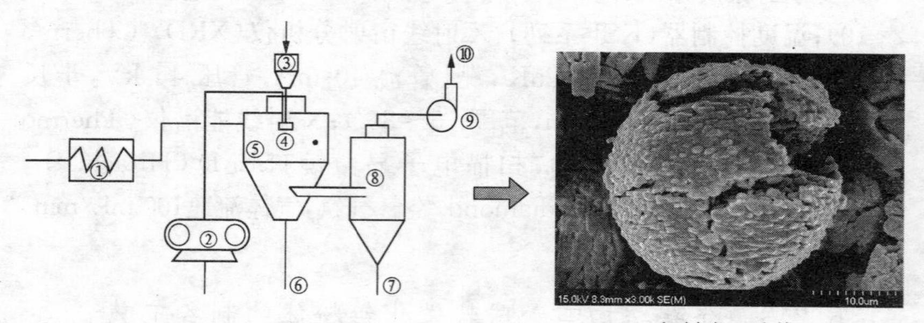

粗糙实心球体

图5.2　离心式喷雾干燥系统制备前驱体工艺流程图

5.2.3.2　介孔结构空心球状碳化钨粉体的制备

介孔结构空心球状碳化钨粉体的制备工艺如图5.3所示.

将上述收集到的前驱体粉末装入陶瓷舟内置于管式电阻炉中，管式炉内通入一氧化碳和二氧化碳混合气体（CO/CO_2的体积比10/1）进行还原碳化；采用"阶跃"式升温方式将炉内温度升高到750℃，首先将反应体系加热到500℃，保温1 h；然后升温至750℃，

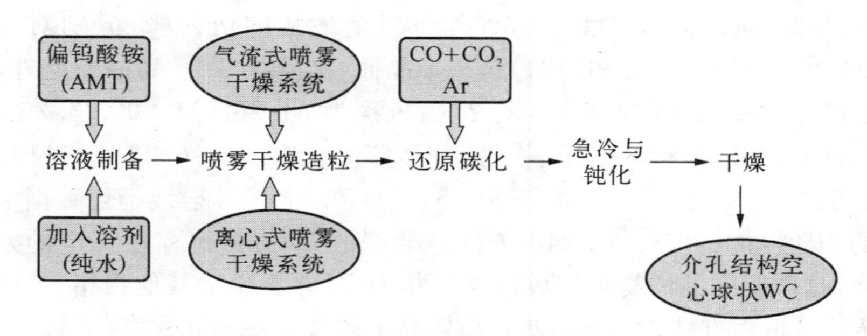

图 5.3　介孔结构空心球状碳化钨粉体制备工艺流程图

保温 13 h. 还原碳化时,气体压力为 8 cmH_2O,反应完全后,将装有反应产物的陶瓷舟快速推入温度为 0℃的冰水混合物中,进行急冷,并利用水中所溶解的微量氧对样品进行钝化处理,过滤干燥后即得介孔结构空心球状 WC 样品. 样品还原碳化的工艺过程如图 5.4 所示.

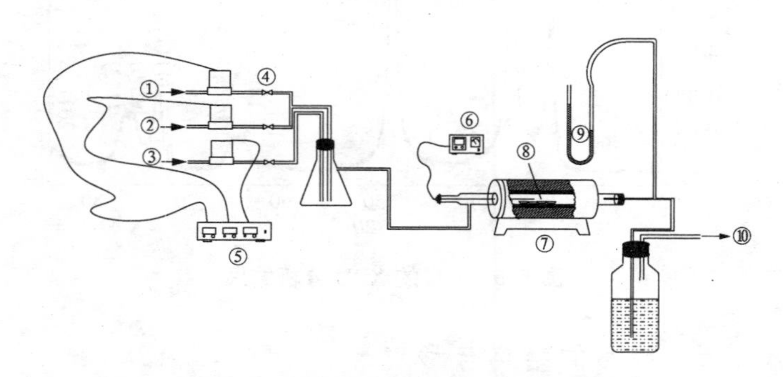

图 5.4　WC 还原碳化工艺流程示意图

5.3　介孔结构空心球状碳化钨粉体的表征

5.3.1　样品的晶相组成

WC 样品的 XRD 分析结果如图 5.5 所示,从图中可以看出在

2θ为 31.50°、35.76°和 48.39°处有三个最强的衍射峰，分别对应 WC 的(001)、(100)和(101)这三个晶面(JCPDS: 25－1047)；此外，有几处相对较弱的衍射峰，其 2θ 值依次为 64.26°、64.90°、73.26°、76.08°、76.91°和 84.17°，分别为 WC 晶面(110)、(002)、(111)、(200)、(102)和(201)(JCPDS: 25－1047). 上述 X 射线衍射数据中的 2θ 值与 JCPDS: 25－1047 标准数据的 2θ 值相比存在一定的差异，这说明样品的物相组成以 WC 相为主，并含少量其他物相，其中 WC 呈正六方结构. 上述差异与样品中碳含量不足并含有少量氧有关(详见化学组成部分)，氧的存在是样品中含有少量其他物相的关键因素.

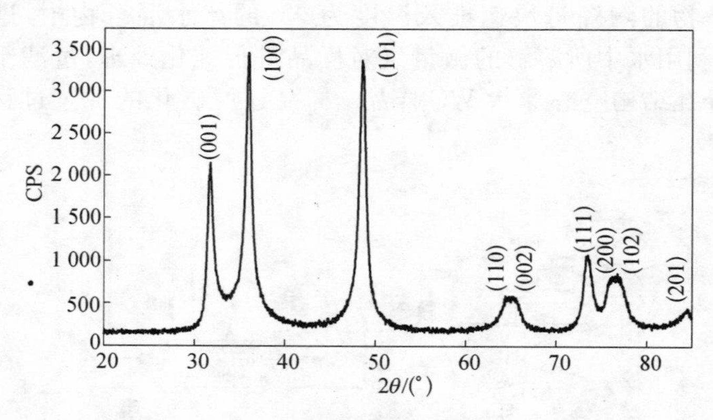

图 5.5 WC 的 XRD 分析结果

5.3.2 样品的结构与形貌

碳化钨样品的扫描电子显微镜(SEM)表征结果如图 5.6 所示. 图 5.6(a)为样品的总体形貌. 从图中可以看出，样品形貌为大小不一的球形，部分颗粒破损，揭示了构成样品的球体内部为空心结构. 图 5.6(b)为图 5.6(a)中破损半球形颗粒的放大. 从图 5.6(b)中可以看出，样品中球形颗粒不仅为空心结构，而且球体表面布满了凹凸不平的孔隙. 图 5.6(c)和图 5.6(d)为球体表面不同部位的放大，从图中可以看出，球体表面由大小不一的短柱状小颗粒构成；短柱体长介于100～800 nm之间，宽介于50～150 nm之间，短柱体之间的连接方式多种多样，没有明显的规律性，或以两端相连，或以柱面相连，或柱端与柱面相连. 短柱状小颗粒之间由形状各异，大小不等的孔隙构成，这些孔隙大多在200 nm以下，属于介孔范畴，孔隙之间相互连接，孔孔相通，并将球体内的空洞与外部连通. 上述结果表明，WC样品颗粒为具有介孔结构的空心球体.

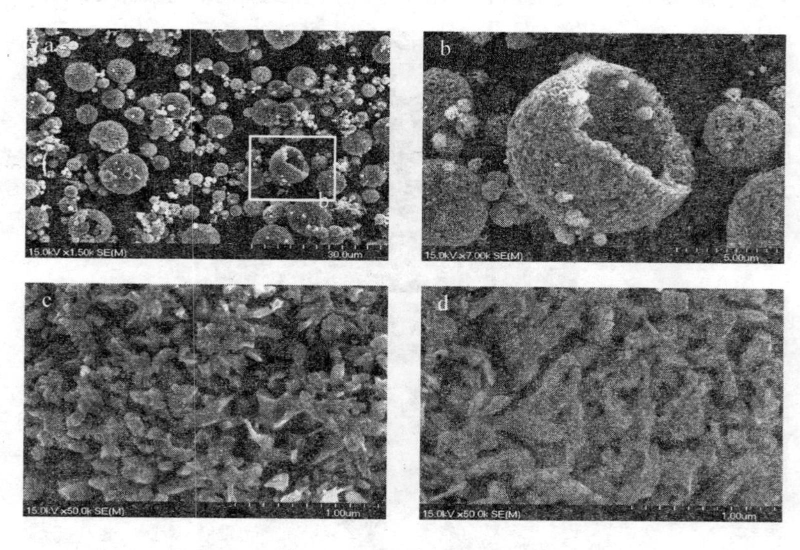

图 5.6　WC 的 SEM 照片

图 5.7 为 WC 颗粒的概貌. 从图 5.7(a)中可以观察到样品的颗粒大小不一，排列疏松；图 5.7(b)对单个颗粒的形貌进行了观察，样品球体规则，表面粗糙；5.7(c)是经过处理后的样品颗粒表面形貌，可见处理后 WC 样品颗粒大小更加均匀.

测试中除对 WC 样品的外观形貌进行观察外，还通过扫描电镜观察了单个球体的剖面，如图 5.8 所示. 从图 5.8(a)中可以清楚地看到球体的中空结构，而图 5.8(b)则显示了剖面表面

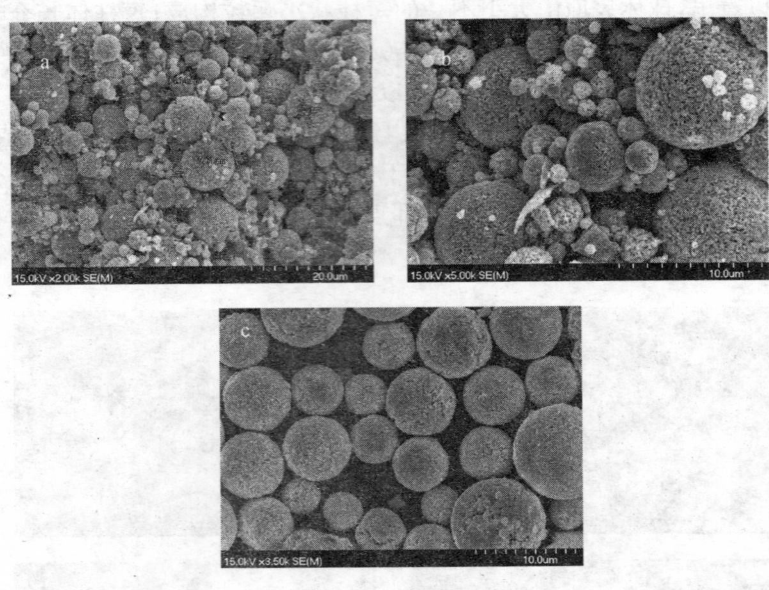

图 5.7　WC 颗粒概貌

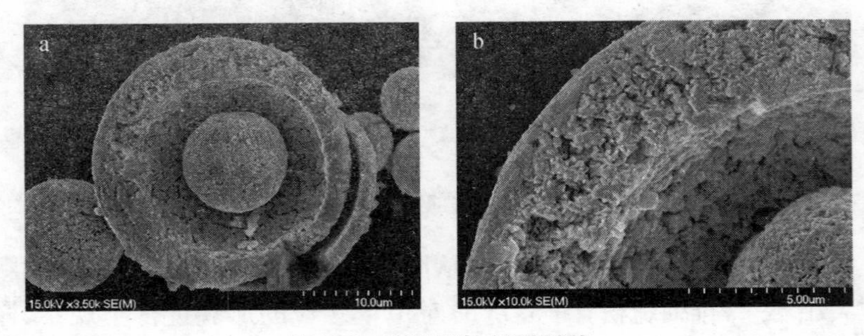

图 5.8　WC 颗粒剖面形貌

的粗糙程度.

为了进行对比,实验中直接以偏钨酸铵为原料,未经喷雾干燥处理制备了 WC 粉末,其形貌如图 5.9 所示. 样品呈柱状,而非球体结构,大小也不均匀.

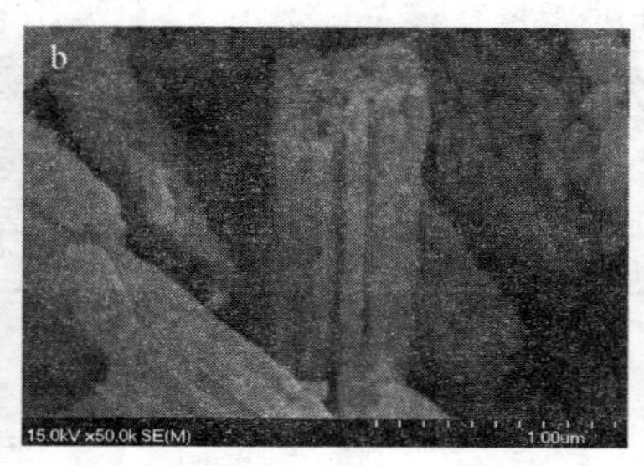

图 5.9 未经喷雾干燥处理的 WC 粉末

5.3.3 样品化学组成

图 5.10 为碳化钨样品 EDS 分析结果. 从图中可知，样品中存在三种化学成分：W、C 和 O. 依据图 5.10 的 EDS 分析结果，对 W、C 和 O 在样品中重量百分比和原子比进行了计算，其结果如表 5.1 所示. 从表中可以看出，样品中 W 与 C 的原子比为 1.108，大于 1，相对而言，W 原子数略多于 C 原子数. 这说明样品的晶体结构中存在 C 缺陷. 样品中 W 与(C+O)的原子比为 0.977，小于 1，说明样品中的 O 可能由两部分组成，一部分是进入了晶格结构，弥补了 C 缺陷所引起的电荷不平衡，并取代 C 原子的晶格位置，形成 O－W 键；另一部

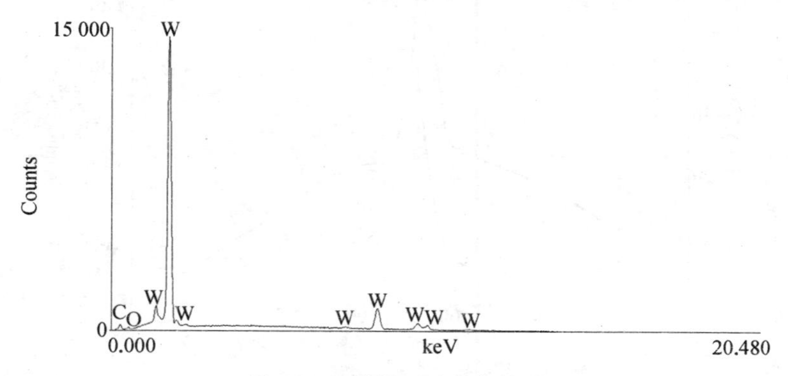

图 5.10 样品 EDS 分析结果

分可能是在样品钝化过程中吸附在样品表面上. 由于新制备出的碳化钨样品非常活泼,在空气中易发生自燃,将样品表面钝化形成 W-O 键后,可使其在空气中保存,以便进行各种表征.

表 5.1 EDS 计算结果

Element	Atom%	Wt%	Atom ratio
C	44.61	5.51	W/C: 1.108
O	5.97	0.98	
W	49.42	93.50	W/(C+O): 0.977
Total	100.00	100.00	

5.3.4 碳化钨的热稳定性

图 5.11 为碳化钨样品在空气氛下差热-热重分析(TG-DTA)的结果. 从图中的 TG 曲线可以看出,在 400℃左右样品开始有明显的

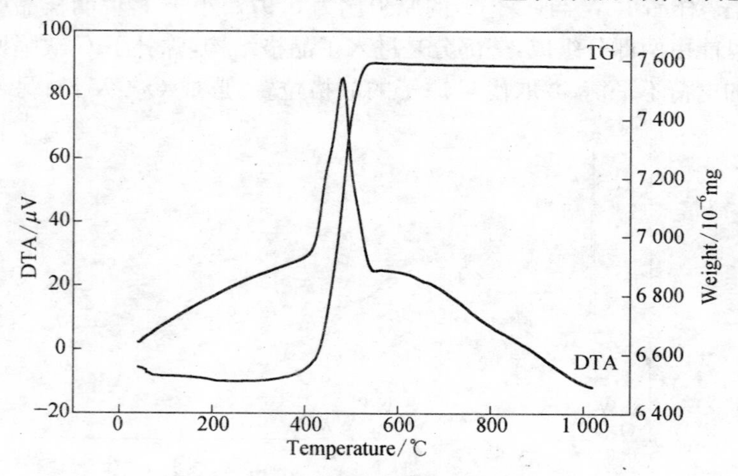

图 5.11 WC 的 TG-DTA 曲线

增重现象，到500℃左右样品的重量基本保持稳定；从图中的 DTA 曲线可以看出，样品在 400～500℃之间存在放热现象．上述结果表明，在空气氛围中，当温度低于 400℃时样品是稳定的；400℃以上，样品将与空气中的氧发生氧化反应，同时放出热量；当氧化反应完成后，即全部碳被氧原子取代时，样品的重量保持稳定．

5.4　本章小结

1．以偏钨酸铵为原料，通过喷雾干燥微球化处理可获得两种不同结构的前驱体，其中采用气流式喷雾干燥系统制备的前驱体为光滑空心球体；采用离心式喷雾干燥系统制备的前驱体为粗糙实心球体．

2．前驱体在控制条件下经管式炉还原碳化和急冷技术处理可获得介孔结构空心球状 WC 样品．

3．介孔结构空心球状 WC 样品经 XRD 测试和分析表明，样品生成的物相组成以 WC 相为主，并含有少量的其他物相，其中 WC 呈正六方结构．经 EDS 检测，样品中存在 W、C 和 O 三种化学成分，通过计算可知，样品中 W 与 C 的原子比为 1.108，大于 1，W 与(C+O)的原子比为 0.977，小于 1．

4．经 SEM 表征，发现 WC 样品的球体内部为空心结构，球体表面由大小不一的短柱状小颗粒构成；短柱状小颗粒之间由形状各异，大小不等的孔隙构成，这些孔隙大多在 200 nm 以下，属于介孔范畴，孔隙之间相互连接，孔孔相通，并将球体内的空洞与外部连通，这些结果表明，WC 样品颗粒为具有介孔结构的空心球体．

第六章　介孔结构空心球状碳化钨的反应历程与形成机理

6.1　引言

自上个世纪中叶发现 WC 在催化领域具有类 Pt 性能以来，WC 的制备与应用研究已引起人们广泛的注意[265～267]．研究表明，在化学催化领域，WC 可用作加氢、脱氢、异构化和烃类转化与合成等反应的催化剂[268]；在电化学催化领域，WC 在氢离子化和析氢反应等电催化方面有着广泛的应用[269，270]．氢离子化反应是燃料电池中一个重要的电极反应，该反应最大的难点之一是如何减少 Pt 等稀缺贵金属催化剂的用量，并解决上述贵金属在催化作用过程中的中毒问题．WC 由于其独特的催化性能、抗中毒能力和具备替代 Pt 等贵金属催化剂的特性[268]，不仅可以应用于燃料电池中取代 Pt 等贵金属催化剂，解决其中毒问题，同时还可以广泛应用于其他化学催化领域．但是如何提高碳化钨的催化活性，使其催化性能能够进一步接近于铂等贵金属催化剂，是目前国内外碳化钨催化剂制备与应用研究所面临的主要难题之一，因此，开展碳化钨催化剂的制备与形成机理的研究有助于催化性能的进一步提高，对这一领域的发展具有重要的理论与实际意义．

国内外学者已对碳化钨的形成机理开展了较为深入和细致地研究工作，并提出了较多有价值的观点．Ross 等[269]认为，以 WO_3 为原料碳化形成 WC 的主要化学反应步骤为：WO_3 先经 CO 还原生成 W，同时 CO 发生歧化反应生成 C 并发生沉积，然后 C 通过扩散作用进入金属钨颗粒内，最终形成 WC．但是他们没有提出具体的化学反应式．Vidick 等[270]研究表明，碳化钨粉体的形成过程主要发生以下化学反应：

$$2W + 2CO = W_2C + CO_2 \tag{6.1}$$

$$W_2C + 2CO = 2WC + CO_2 \tag{6.2}$$

$$2CO = C_{at} + CO_2 \tag{6.3}$$

$$W_2C + C_{at} \longrightarrow 2WC \tag{6.4}$$

$$nC_{at} \longrightarrow C_n \tag{6.5}$$

$$W_2C + \frac{1}{n}C_n \longrightarrow 2WC \tag{6.6}$$

Lŏfberg 等[271]认为，WO_3 碳化过程中包括氧化物颗粒表面的还原反应，金属颗粒内的体相扩散作用，以及气相与固相间的表面反应，上述三种反应相互竞争，是一个复杂的化学反应竞争过程，整个反应主要经历以下几个步骤：$WO_3 \rightarrow W_{20}O_{58} \rightarrow WO_2 \rightarrow W_2C \rightarrow WC$. Koc 等[272]和 Giraudon 等[273]结合他们自己的实验对 Lŏfberg 等[271]提出的机理进行了深入的研究. Medeires 等[275]不仅研究了碳化钨在反应过程中的形成机理，同时还对碳化过程中的颗粒形貌变化进行了探讨.

本章依据 WC 在原位 XRD 上的反应结果，并结合 SEM 的形貌分析，较为详细地分析和研究了 WC 样品在还原、碳化反应过程中晶相的转变过程以及制备过程中样品的形貌变化特点，同时探讨了介孔结构空心球状颗粒的形成机理.

6.2 XRD 原位还原碳化反应实验

6.2.1 试剂与仪器

偏钨酸铵[$(NH_4)_6(H_2W_{12}O_{40})\cdot 4H_2O$ (AMT)，$WO_3 \geqslant 89\%$]，CO($\geqslant$99.98%)，CO_2($\geqslant$90%).

喷雾干燥器(BÜCHI Spray Dryer B-290)，XRD(Thermo ARL SCINTAG X'TRA，CuKα 靶，管流 40 mA，管压 45 kV，步长 0.04°，

速度 10°/min)，XRD 原位反应器(Anton pear XRK900)，SEM (Hitachi S-4700Ⅱ).

6.2.2 实验方法

将偏钨酸铵(AMT)溶于水，配制成一定浓度的水溶液，然后采用喷雾干燥进行微球化处理，目的是使反应物的物理和化学性质尽可能趋于均匀，同时对前驱体颗粒的结构和形貌进行控制. 实验过程中的主要技术参数为：AMT 水溶液的浓度 20%(wt%)，喷雾干燥时空气流速 650 mL/h，入口温度 195℃，出口温度 110℃，液体流速为 15 mL/min. 将喷雾干燥后的样品装入石英舟并放置于管式炉中，通氩气 30 min，以置换出石英管内的空气，然后通入 CO/CO_2 气体进行还原碳化，其中 CO 的作用是对前驱体进行还原，并通过歧化反应产生碳，为碳化反应提供碳源；CO_2 主要用于平衡 CO 的歧化反应，以防止 WC 的表面积碳. 还原、碳化过程中采用程序升温方式依次经历除水、还原和碳化几个主要反应阶段，最终制备出碳化钨粉体.

另外，将喷雾干燥后的样品置于 XRD 原位反应器载物台上，采用与上述制备过程相同的工艺参数对样品进行还原碳化，在还原、碳化过程中按一定时间间隔对样品的晶相组成进行监测.

6.3 WC 样品的晶相演变过程

6.3.1 缓慢升温过程-样品晶相随温度的变化

图 6.1 为样品在不同温度下还原、碳化时的原位 XRD 结果. 图中曲线 a 为 AMT 经喷雾干燥后的 XRD 分析结果，从图中可以看出，样品的晶相组成比较复杂，含有一定量的 WO_3；在 CO/CO_2 混合气体中经 300℃ 和 350℃ 处理后，样品转变为非晶态，如图中 300℃ 和 350℃所示的曲线；经 400℃处理后，样品主要由 WO_3 组成，其他物相基本消失，如图中 400℃的曲线所示；当处理温度达到 500℃时，WO_3 的衍射峰达到最强，这是因为在热处理过程中，AMT 开始脱水，并分

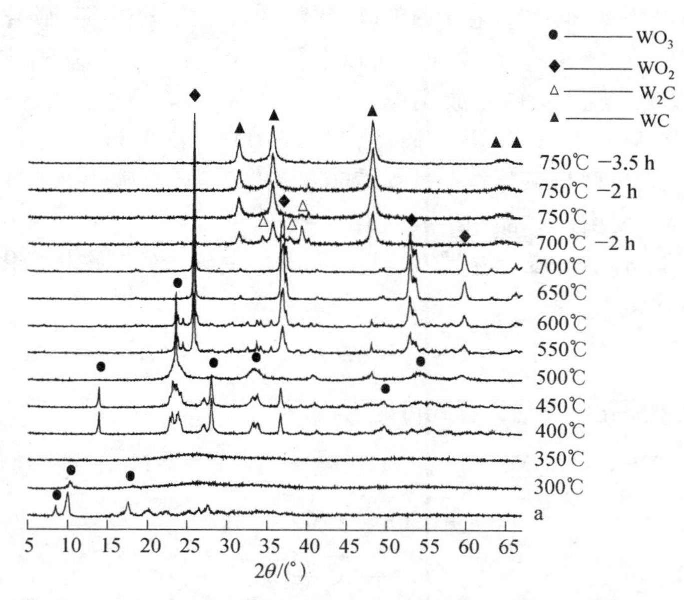

图 6.1　样品在还原碳化过程中不同温度条件下的晶相组成

解释放出氨，经一定时间处理后转变成三氧化钨；当还原、碳化温度上升到 550℃时，WO_3 在 CO/CO_2 混合气体中逐渐被还原成 WO_2，如图中曲线 550℃所示，并随着温度的升高 WO_3 的衍射峰逐渐减弱，WO_2 的衍射峰逐渐增强，如图中曲线 500℃，550℃和 600℃所示；当还原、碳化温度为 650℃和 700℃时，WO_3 基本上被还原为 WO_2，样品主要由 WO_2 相组成，如图中曲线 650℃和 700℃所示. 在 700℃温度条件下保持其他工艺参数不变，延长还原碳化时间至 2 h，样品中出现了 W_2C 与 WC 两种晶相，如图中曲线 700℃－2 h 所示；继续升温至 750℃，W_2C 衍射峰逐渐减弱而 WC 衍射峰逐渐增强，如图中曲线 750℃所示；在 750℃温度条件下，保持其他工艺参数不变，随着还原、碳化时间的延长，W_2C 衍射峰逐渐减弱而 WC 逐渐增强，如图中曲线 750℃－2 h 所示；还原碳化 3.5 h 时，W_2C 衍射峰基本消失，样品主要由 WC 相组成，如图中曲线 750℃－3.5 h 所示.

由上述结果表明，在 CO/CO_2 气氛中，AMT 经还原、碳化生成 WC 晶相的演变过程大致可分为以下几个阶段：400℃以下，主要是 AMT 分解、脱水，并释放出氨气；400～500℃，WO_3 形成；500～600℃为 WO_3 与 WO_2 共存阶段；600～700℃，以 WO_2 为主，700～750℃，为 W_2C 与 WC 共存过程；750℃条件下，还原碳化 3.5 小时以上，样品主要由 WC 晶相组成.

综上所述，缓慢升温时 AMT 还原碳化生成 WC 的物相变化过程可表示为：

$$AMT \rightarrow WO_3 \rightarrow WO_2 \rightarrow W_2C \rightarrow WC$$

其主要化学反应方程式可能为：

$$(NH_4)_6(H_2W_{12}O_{40}) \cdot 4H_2O \longrightarrow WO_3 + NH_3 + H_2O \quad (6.7)$$

$$WO_3 + CO \longrightarrow WO_2 + CO_2 \quad (6.8)$$

$$2CO \rightleftharpoons C + CO_2 \quad (6.9)$$

$$2WO_2 + 3C \rightleftharpoons W_2C + 2CO_2 \quad (6.10)$$

$$W_2C + C \longrightarrow 2WC \quad (6.11)$$

6.3.2 “阶跃式”升温过程-样品晶相随反应时间的变化

从图 6.1 可知，700～750℃是 W_2C 与 WC 两相共存阶段，还原、碳化温度高于 750℃时 W_2C 逐渐消失，并主要生成 WC 相. 为了探索制备纯 WC 相粉体的技术，本工作采用“阶跃式”升温的方法，在其他工艺参数不变的条件下，将还原、碳化温度由 400℃快速上升到 750℃，然后通过延长还原、碳化时间来观察样品的晶相组成变化特征，其结果如图 6.2 所示. 从图中可以看出，当还原碳化温度为 400℃时，样品主要由 WO_3 组成，如图中 400℃所示的曲线；当还原、碳化温度为 750℃时，样品的晶相组成由 WO_3 和 WO_2 两相共存，如图中曲

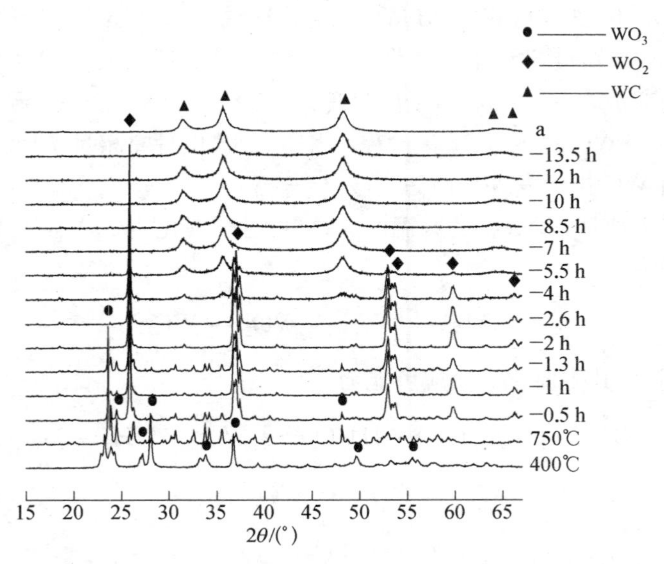

图 6.2　750℃不同还原碳化时间的样品原位 XRD 分析结果

线 750℃所示；随着还原碳化时间的延长，样品中 WO_2 的衍射峰强度逐渐增加，WO_3 的衍射峰强度逐渐减弱，如图 6.2 中 0.5 h、1 h、1.3 h 和 2.6 h 的曲线所示．这是由于 WO_3 在 CO/CO_2 气氛中发生还原反应生成了 WO_2．当还原、碳化时间达到 2.6 h 时，样品中 WO_2 的衍射峰最强，WO_3 的衍射峰基本消失，并有微弱的 WC 衍射峰出现，如图中 2.6 h 所示的曲线．随着还原、碳化时间的延长，WO_2 衍射峰逐渐减弱，WC 衍射峰逐渐增强，如图中 2.6 h、4 h 和 5.5 h 的曲线；当还原碳化时间达到 7 h 时，样品中 WO_2 的衍射峰基本消失，仅有 WC 的衍射峰，如图中 7 h 所示的曲线；随着还原碳化时间的延长，WC 衍射峰逐渐增强，如图中 8.5 h、10 h、12 h 和 13.5 h 所示的曲线；当还原碳化时间超过 10 小时时，样品中 WC 的衍射峰与纯 WC(见图 6.2 曲线 a)完全一致．上述结果表明，以 AMT 为原料，经还原、碳化制备 WC 的过程中，当温度为 750℃时，存在两个多相共存阶段，即：还原碳化时间少于 2.6 h 时，WO_2 与 WO_3 共存；当还原碳化时间介于

2.6 h到7 h之间时，WO_2 与 WC 共存. 这说明随着还原、碳化时间的延长，W/O 的化学计量值逐渐增大，WO_3 逐渐转变成 WO_2，当 WO_3 完全转变成为 WO_2 以后，反应过程由 $WO_3 \rightarrow WO_2$ 的还原、碳化转变为 $WO_2 \rightarrow WC$ 的还原、碳化过程. 当还原、碳化时间超过 7 h 后，样品主要由 WC 相组成.

综上所述，"阶跃式"升温时，AMT 还原碳化生成 WC 的物相变化规律为：

$$AMT \rightarrow WO_3 \rightarrow WO_2 \rightarrow WC$$

同时，其主要化学反应可能为：

$$(NH_4)_6(H_2W_{12}O_{40}) \cdot 4H_2O \longrightarrow WO_3 + NH_3 + H_2O \quad (6.12)$$

$$WO_3 + CO \longrightarrow WO_2 + CO_2 \quad (6.13)$$

$$CO \rightleftharpoons C + CO_2 \quad (6.14)$$

$$W + C \longrightarrow WC \quad (6.15)$$

上述研究结果表明，在 WC 制备过程中还原、碳化的温度控制不同，其样品的晶相转变过程及所发生的主要化学反应也不尽相同. 样品在还原、碳化过程的晶相转变及发生的主要化学反应与温度密切相关. 另外，若反应原料及所用碳源不同，其反应机理也不一样. Xiao 等[276]采用原位 XRD 技术对以 WO_3 为原料、H_2 为还原剂、CH_4 为碳源的 WC 制备过程进行了研究，结果如图 6.3 所示. 由图可见，反应过程的物相变化规律为：

$$WO_3 \rightarrow WO_2 \rightarrow W_2C \rightarrow WC$$

其主要化学反应为：

$$WO_3 + H_2 \longrightarrow WO_{3-x} \quad (6.16)$$

$$WO_{3-x} + H_2 \longrightarrow WO_2 + H_2O \quad (6.17)$$

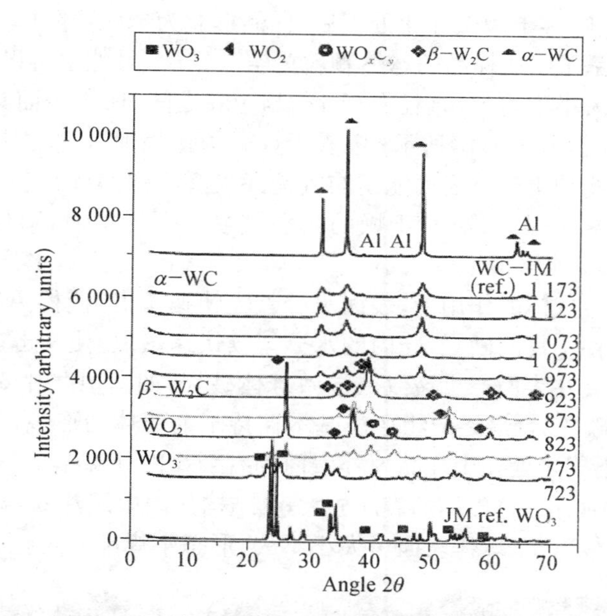

图 6.3　20% CH_4/H_2 下样品原位 XRD 分析结果

$$WO_{3-x} + H_2 + CH_4 \longrightarrow WO_xC_y + H_2O + CO + CO_2 + H_2 \quad (6.18)$$

$$WO_xC_y + CH_4 \longrightarrow W_2C + H_2O + CO + CO_2 + H_2 \quad (6.19)$$

$$W_2C + CH_4 \longrightarrow WC + 2H_2 \quad (6.20)$$

因此，在 WC 制备过程中反应原料、还原气体、碳源、反应温度、反应时间等因素都与反应历程密切相关.

6.4　介孔结构空心球状 WC 粉体的形成机理

6.4.1　制备过程中颗粒形貌演变特征

图 6.4 为在制备 WC 过程中不同阶段下样品的形貌与结构特征. 从图中可以看出，AMT 为不规则块状结构，如图中照片 6.4(a)

所示；经过喷雾干燥微球化处理后，样品形貌为球状，部分球体破碎，从中也揭示了组成样品的球体颗粒为空心结构，另外也可以看出，各球体之间大小不均匀，直径介于 1～14 μm 之间，球体表面具有明显的裂纹，如图中 6.4(b)所示．喷雾干燥微球化处理后，前驱体形成空心球状结构的主要原因可能是与气流式喷雾干燥实验设备有关．在气流式喷雾干燥系统中，干燥的热空气喷入干燥桶时，形成涡流气旋，使 AMT 水溶液形成大小不同的球状雾滴，含有大量水分的 AMT 雾滴在高温气体的作用下，表面水分首先快速蒸发，使得 AMT 雾滴形成透气性不良的硬壳，壳内的水分持续快速蒸发，使其迅速膨胀成空心球体并在表面产生裂纹或导致球体破损，如图中照片 6.4(b)所示．还原碳化后，最终产物形貌基本保持了前驱体的形貌，仍然是空心球状，不同之处在于样品内外表面均有明显的孔隙结构，如图中照片 6.4(c)所示．将球体的表面放大，其结构如图中照片 6.4(d)所示，从图中可以看出，球体表面由大小不一、形态不规则的短柱状小颗粒

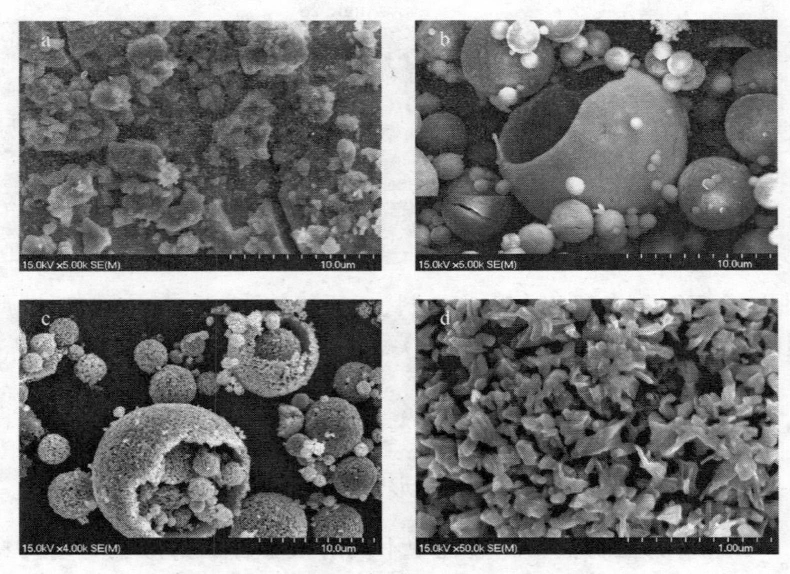

图 6.4　不同反应阶段样品的 SEM 照片

构成;短柱体长介于100～500 nm之间,宽介于50～150 nm之间,短柱体之间的连接方式多种多样,没有明显的规律性,或以两端相连,或以柱面相连,或柱端与柱面相连. 短柱状小颗粒之间由形状各异,大小不等的孔隙构成,这些孔隙大多在200 nm以下,属于介孔范畴,孔隙之间相互连接,孔孔相通,并将球体内的空洞与外部连通. 样品制备过程中的形貌变化过程如图6.5所示. Xiao等[276]发现WO_3在CH_4/H_2气氛中,还原碳化生成WC的形貌变化过程如图6.6所示.

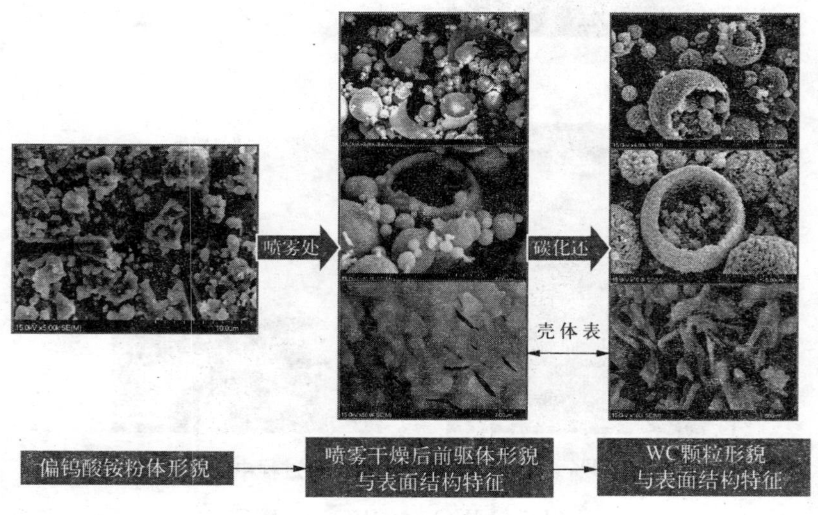

图6.5 样品颗粒演变过程形貌图

6.4.2 碳化钨形成机理与模型

原位反应连续XRD图(图6.1)表明,缓慢升温条件下AMT在CO/CO_2气氛中还原碳化生成WC的物相变化规律为:

$$AMT \rightarrow WO_3 \rightarrow WO_2 \rightarrow W_2C \rightarrow WC$$

"阶跃式"升温条件下,还原碳化温度高于750℃时,AMT在CO/CO_2气氛中还原碳化生成WC的物相变化规律为:

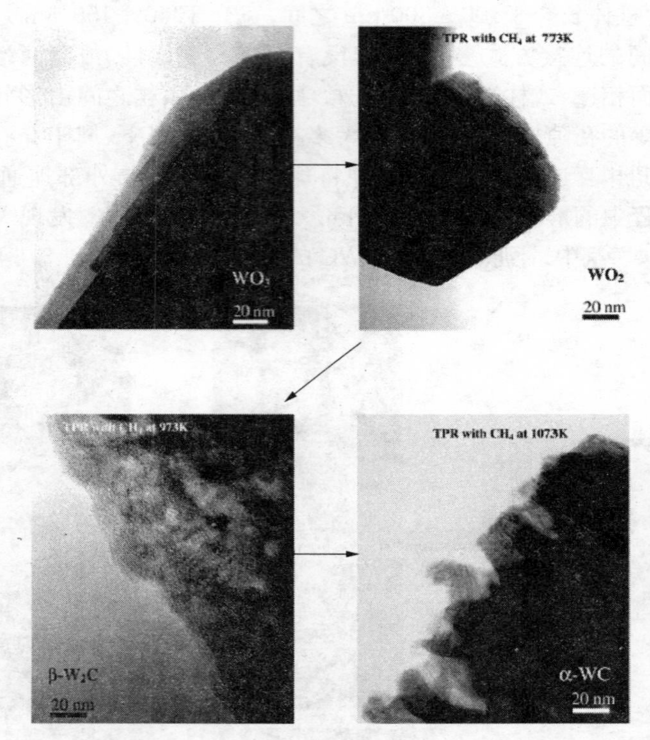

图 6.6　20% CH_4/H_2 下温度控制反应过程中的样品形貌

$$AMT \rightarrow WO_3 \rightarrow WO_2 \rightarrow WC$$

整个反应各阶段生成的中间产物及反应过程如图 6.7 所示.

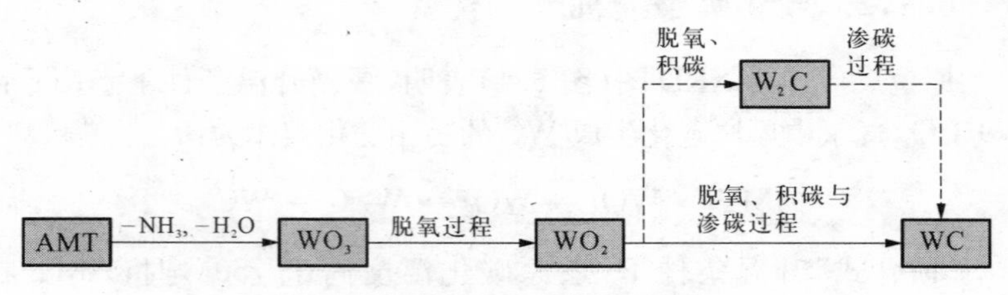

图 6.7　碳化钨形成过程示意图

根据上述XRD原位反应和过程分析，导致介孔结构空心球状碳化钨形成的主要原因可能有以下几点：

1. WO_3 在300℃左右易升华产生 WO_3 蒸气，并随着反应气体 CO/CO_2 从球体内部往外扩散或流出，在WC壳体表面产生空隙.

2. 前驱体在还原、碳化过程中将分解出 NH_3 和 H_2O，此时 WO_3 可能与 H_2O 结合，形成 $WO_2(OH)_2$ 化学蒸气[277]，挥发过程中在WC壳体表面形成空洞.

$$WO_3 + H_2O = WO_2(OH)_2 \uparrow$$

3. WO_3 与CO反应生成的 CO_2 需从球体内部往球体外部扩散，将挤出一些通道.

样品颗粒中介孔结构空心球状的形貌是在制备过程中通过多方面的因素逐步形成的，它与喷雾干燥微球化处理形成的空心球体、前驱体的特性、反应过程中生成的气体和 WO_3 的升华特性等密切相关. 其反应过程中介孔结构空心球状碳化钨形成的模型可能如图6.8所示.

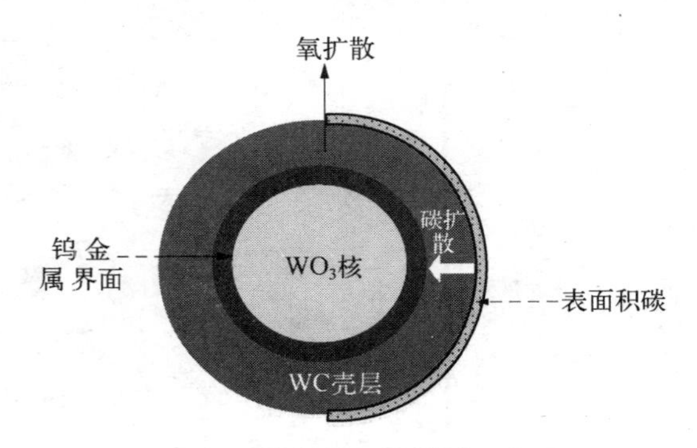

图6.8 碳化钨形成模型示意图

6.5 本章小结

1. 偏钨酸铵在 CO/CO_2 气氛中进行还原碳化时，晶相转变过程与还原碳化时的温度和升温速率密切相关. 缓慢升温时,样品遵循 AMT→WO_3→WO_2→W_2C→WC 的物相变化规律;“阶跃式”升温时,温度快速升温到 750℃,然后在 750℃条件下进行还原碳化,样品则遵循 AMT→WO_3→WO_2→WC 的物相变化规律. 这与文献中利用 CH_4 和 H_2 作碳源和还原剂的反应机理有所不同.

2. 样品颗粒中介孔结构空心球状的形貌是在制备过程中通过多方面的因素逐步形成的,它与喷雾干燥微球化处理形成的空心球体、前驱体的特性、反应过程中生成的气体和 WO_3 的升华特性等密切相关.

第七章　介孔结构空心球状碳化钨的电催化性能

7.1　引言

为了研究和评价粉末材料的电化学性能，传统的方法是将之制成粉末多孔电极，然后进行电化学性能测试. 然而，粉末多孔电极的制备工艺较复杂，而且其性能受到黏结剂、造孔剂的添加量以及辊压、热压、烧结等工艺的影响，从而使得实验结果的重现性较差[278]. 近几年，人们发现，在无搅拌的条件下，半径很小的微电极就具有与高速旋转圆盘电极相类似的传质性能. 这种微电极通过电流很小(一般为 10^{-7} A 左右)，溶液 IR 降的影响可以忽略，双电层电容充电电流的影响很小[279]. 由于微电极具有上述优点，这类电极在有机电化学研究领域中受到了广泛地关注.

芳香族硝基化合物的电还原是绿色化学合成领域的一个重要组成部分，其还原产物在染料、医药、农药、表面活性剂等领域均具有重要的工业应用价值[280, 281]. 在有机电化学合成领域中用于芳香族硝基化合物电还原的电极品种较多，如铜-汞、铜-镍、汞、多晶铜、注有钯的玻碳电极、钛电极以及合金电极等.

WC 具有类铂的催化活性[282, 283]，如：WC 对芳香族硝基化合物液相加氢反应具较高的催化活性[284]. 但到目前为止，还很少有报道涉及 WC 作为电催化剂在硝基化合物电还原方面的研究. 因此，本章以前文制得的介孔结构空心球状的纳米碳化钨粉末为原料，对碳化钨粉末微电极的制备技术进行了研究，并探讨了酸性溶液中对硝基苯酚在该电极上的电还原特性，为芳香族硝基化合物的电还原提供一定的实验和理论基础.

7.2 实验部分

7.2.1 碳化钨粉末微电极(WC－PME)的制备

粉末微电极的具体制备方法见文献[285, 286]. 在制备过程中,将直径为 60 μm 的铂丝一端熔封在玻璃管中,然后将封有铂丝的玻璃管端面磨平、抛光制成铂微盘电极,再将之其置于沸腾的王水中进行腐蚀,使 Pt 微电极前端形成一定深度的空穴. 将腐蚀好的电极用二次蒸馏水在超声波中清洗三次,烘干待用. 把少量 WC 催化剂粉末置于洁净的玻璃片上,然后将腐蚀好的、具有空穴的铂微电极在 WC 粉末中轻轻挤压、研磨,直到 Pt 微电极的空穴被粉末填实,同时保持外端面干净,防止 WC 催化剂粉末延展到微孔以外. 图 7.1 为 WC－PME 的结构示意图.

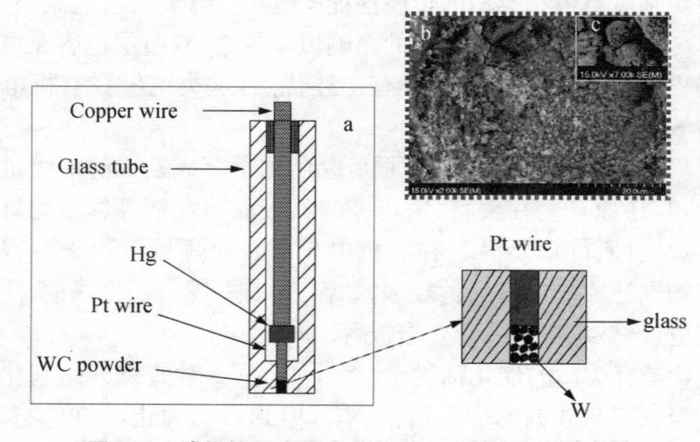

图 7.1 碳化钨粉末微电极(WC－PME)结构示意图

7.2.2 电化学性能测试

电化学测试所用的仪器为 CHI660B 型电化学工作站,测试在三电极电解槽中进行. 工作电极为 WC - PME,其半径为 30 μm,参比电极为饱和甘汞电极(SCE),对电极为大面积 Pt 片. 在本文中所提及的电极电位均相对于 SCE,图中显示的峰电流均已扣除背景电流.

实验测试在 25±0.1℃下进行(除明确标明温度外). 测试之前,先向电解液通 N_2 0.5 h,以除去其中的溶解氧.

7.2.3 WC - PME 的表征

腐蚀好的 Pt 微电极的微孔深度测量用稳态极限电流法标定[287],本实验所制备的电极微孔深度为 52 μm.

图 7.2(a)为腐蚀前微电极前端面扫描电镜图,图 7.2(b)是经过腐蚀并填充碳化钨粉末后的微电极前端面扫描电镜图. 由图可见,WC 粉末已经被紧实的嵌入电极的微孔中. 由图 7.2(c)(放大图)还可看出,填充在微电极的微凹穴中的 WC 粉体呈球状,其表面具有介孔结构,微球表面介孔的平均直径为 90 nm.

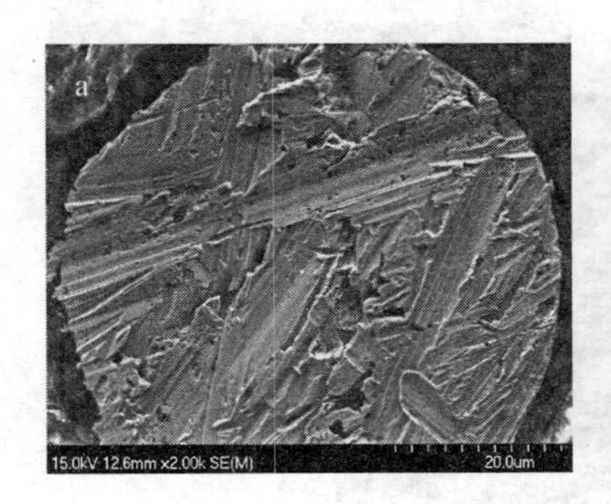

图 7.2 微电极形貌

7.3 不同 WC 粉体的表征

图 7.3 为不同 WC 粉末的扫描电镜照片. 图 7.3(a)为以偏钨酸铵为前驱体,CO/CO_2 为碳源,采用喷雾干燥-气固反应法制备的介孔

结构空心球状 WC 粉体的表面形貌图；图 7.3(b)是以未经喷雾干燥法处理的偏钨酸铵为前驱体，CO/CO_2 为碳源，采用气固反应法制备的 WC 粉体的表面形貌图；图 7.3(c)为株洲硬质合金厂生产的 WC 粉体的表面形貌图. 图 7.3(a)中 WC 粉体的颗粒形状为空心球，其表面具有由大小不一的短柱状小颗粒构成的介孔结构，介孔的平均直径为 90 nm；图 7.3(b)和图 7.3(c)均未形成微球，平均粒径分别为 210 nm 和 620 nm.

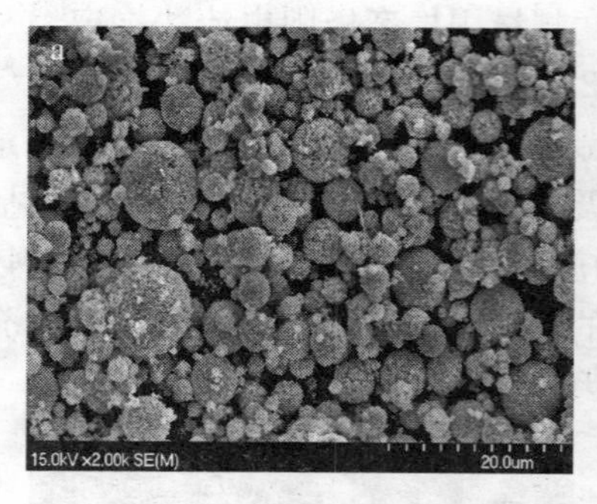

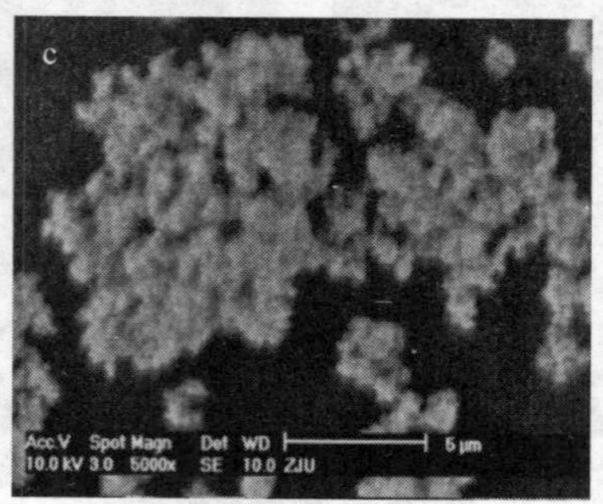

图 7.3　不同 WC 粉末的 SEM 图

图 7.4 为三种不同 WC 粉末制成的微电极在 PNP 体系中的线性扫描曲线. 三条曲线中的第二个峰电位所对应的是 PNP 电还原反应峰，电流分别为 1.562 μA，1.171 μA 和 0.546 μA，说明图 7.3(a)的催化活性最大，图 7.3(b) 样品次之，图 7.3(c)样品最小，三条曲线

分别对应图 7.3 中的(a)、(b)、(c),由此可见,WC 粉末的电催化性能与其制备方法和结构形貌相关. 为此,本章主要探讨具有介孔结构空心球状的 WC 对 PNP 电化学还原反应的电催化性能.

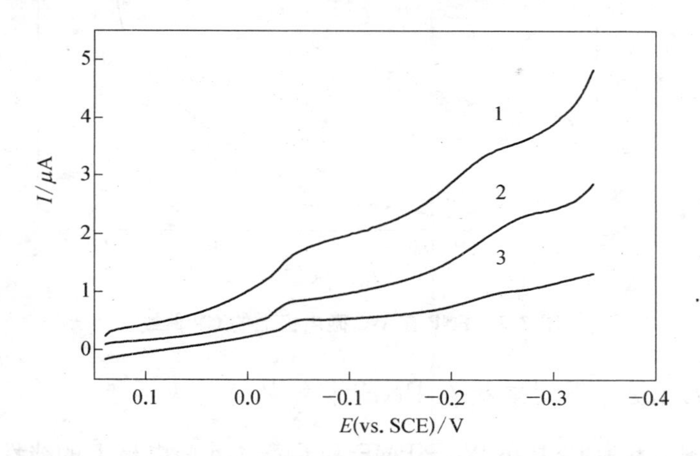

图 7.4 不同 WC 粉末微电极在 PNP 体系中的线性扫描曲线

7.4 介孔结构空心球状 WC 粉体电催化性能

7.4.1 PNP 在 WC 微电极上的 CV 曲线

图 7.5 为 PNP 在 WC-PME 上的循环伏安图. 其中,曲线 A 是 WC-PME 在空白体系(1 mol/L H_2SO_4)中的循环伏安曲线. 图 7.5 中峰(a)为 H^+ 还原为 H_{ads} 反应,−0.28 V 所对应的峰(d)为析氢反应峰,而在反向扫描时出现的峰(b)则对应于 H_{ads} 的氧化反应峰. Armstrong 等[288]在研究 1 mol/L H_2SO_4 溶液中 WC 电极上的析氢反应时,也得到了类似的结果. 当在空白体系中加入0.01 mol/L PNP后,所得到的循环伏安曲线如图 7.5 曲线 B 所示. 由曲线 B 可以看出,H^+ 吸附反应峰 a 电流增大,并在−0.18 V 处出现了一个新的还原峰(c),经恒电位电解实验证实该峰对应 PNP 的电还原反应.

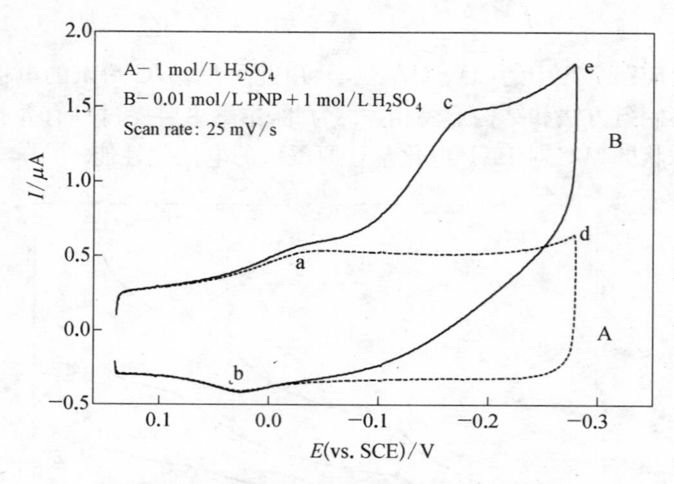

图 7.5　PNP 在 WC 微电极上的 CV 曲线

7.4.2　不同电极在 PNP 体系中的电极活性

图 7.6 为 PNP 在 WC - PME 和 Cu - Hg 微电极上的线性扫描图. 从图中可以看出,WC - PME 和 Cu - Hg 微电极在 PNP 电还原体系中的波脚电位分别为−0.05 V 和−0.38 V,PNP 在 WC - PME 上的还原电位比在 Cu - Hg 微电极将近正 0.33 V,而 PNP 在 WC - PME 上电还原峰电流要比 Cu - Hg 微电极高 3 倍多,说明 WC 在该体系中具有良好的电催化性能. 另外,据文献报道,WC 具有良好的析氢性能[289~291],但 Cu - Hg 电极的析氢过电位较高,比较可见, WC 粉末对氢有较强的吸附能力,有利于有机物的电还原反应.

图 7.7 为 PNP 在 WC - PME(a)和 Pt 微电极(b)上的线性扫描图. 从图中可以看出,PNP 在 WC - PME 和 Pt 微电极上电还原的峰电位分别为−0.205 V 和−0.215 V,非常接近,同时在 PNP 电还原过程中都具有一定的电催化活性. 但 WC - PME 和 Pt 微电极在 PNP 电还原反应时的峰电流却相差很大,分别为 1.528 μA 和 0.226 μA,WC - PME 的峰电流是 Pt 微电极的 6.8 倍,由此可见, WC 粉末对 PNP 的电催化活性大于 Pt 电极.

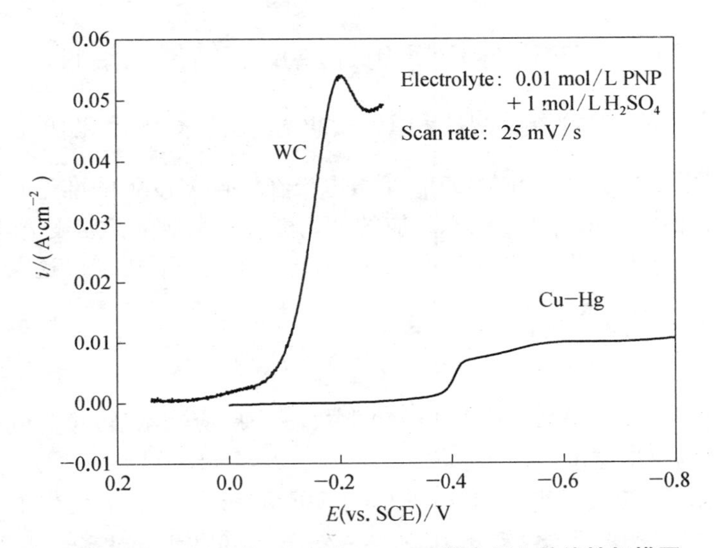

图 7.6　PNP 在 WC－PME 和 Cu－Hg 微电极上的线性扫描图

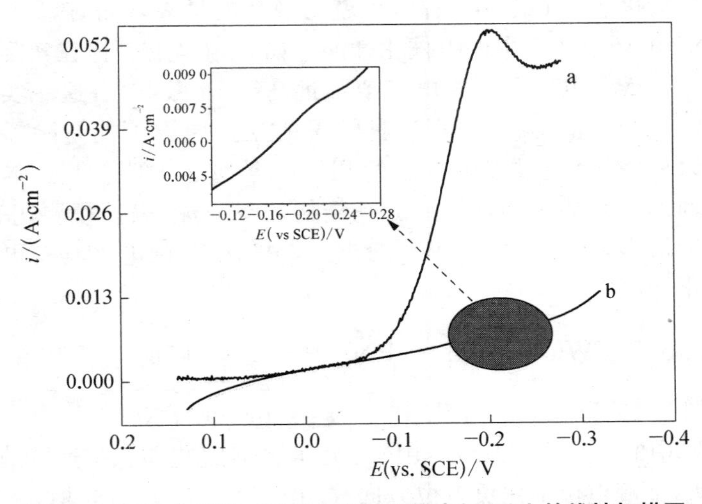

图 7.7　PNP 在 WC－PME (a)和 Pt 微电极(b)上的线性扫描图

7.5 WC－PME对PNP电还原反应的催化活性

7.5.1 WC－PME和Pt微电极上的表观活化能

图7.8为WC－PME和Pt微电极在不同温度下的准稳态极化曲线. 根据稳态极化曲线和相应的公式可求出交换电流密度i^0,然后作lg i^0与$1/T$之间的关系图(如图7.9),最后按下式求出这两种电极的表观活化能:

$$\lg i^0 = \lg(F.K.c) - E_a/2.3RT \tag{7.1}$$

式中:K为常数,F为法拉第常数,c为反应物浓度,R为气体常数,T为反应温度.

由(7.1)式求得PNP在WC－PME和Pt微电极上发生电化学还原的表观活化能分别为33.21±0.66 kJ/mol和22.34±0.22 kJ/mol. 从计算所得的表观活化能可以看出,WC粉末微电极的表观活化能比Pt微电极高,也就是说从能量因素而言,WC粉末在PNP电还原体系中的电催化性能不如Pt微电极. 但在实际体系中WC－PME电还原的峰电流值却远高于Pt微电极,这一实验现象与能量计算值不符,出现这种情况的主要原因可能是除了能量因素以外,在反应过程中电极的几何因素在起主要作用. 本研究所用的WC粉体为表面具有介孔结构的空心球,表面积要比Pt微电极大得多,因此可认为WC粉末微电极比Pt微电极具有更高的电催化性能.

7.5.2 WC－PME上PNP电还原反应的电荷传递系数

图7.10为WC－PME在含0.01 mol/L PNP的1.0 mol/L H_2SO_4中的循环伏安曲线. 由图可见,峰电流随电位扫描速度的增大而增大,而峰电位则往负电位方向移动. 将图7.10中各曲线的峰电位E_p对扫速y的对数作图,则可获得图7.11. 从图7.11可见,E_p与

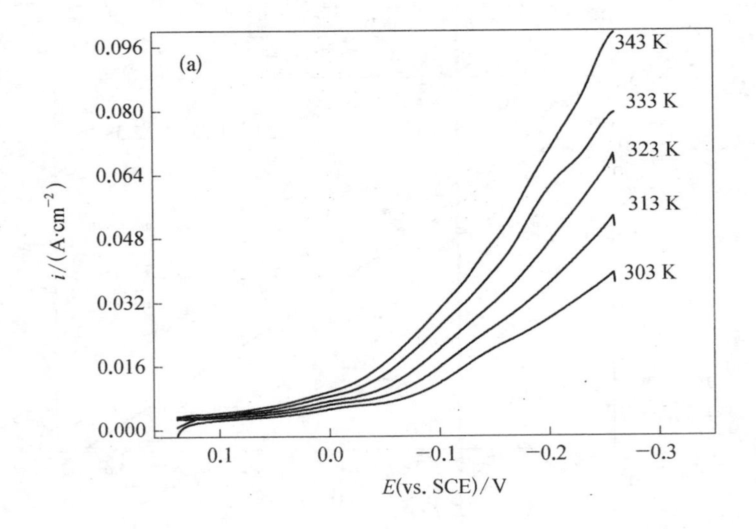

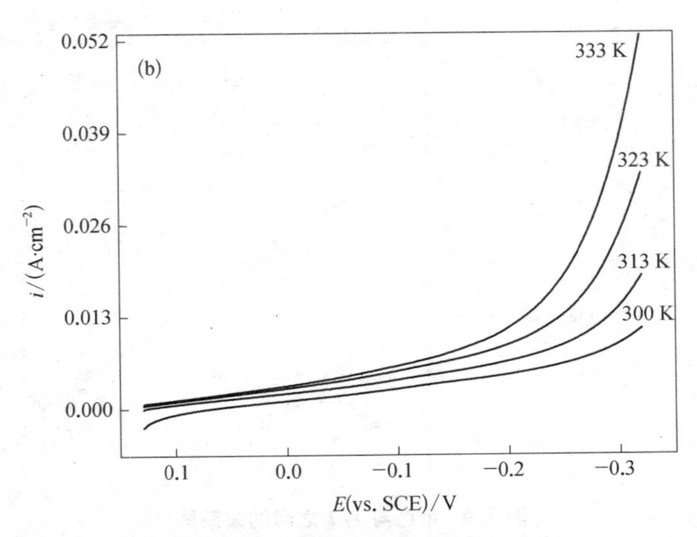

图 7.8　PNP 在不同温度下的稳态极化曲线

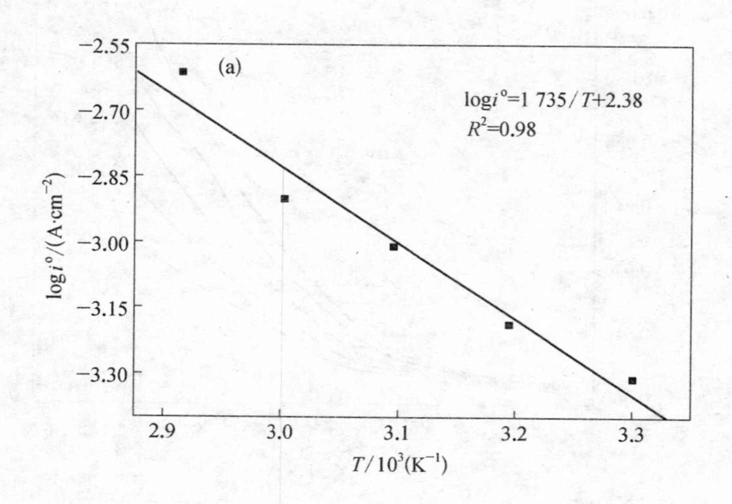

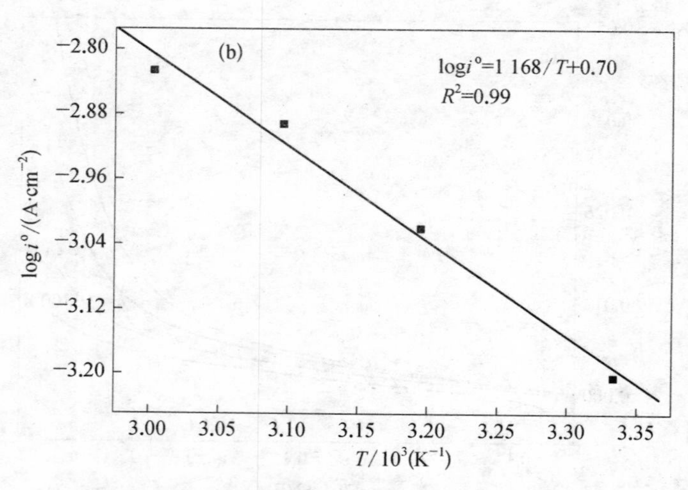

图 7.9　$\lg i^o$ 与 $1/T$ 之间的关系图

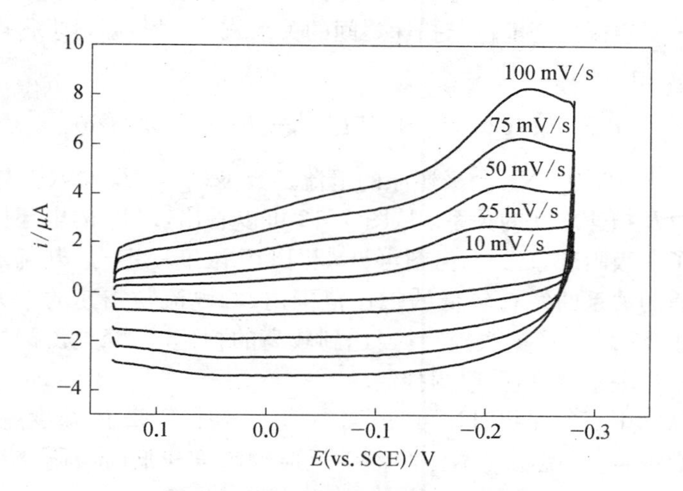

图 7.10　PNP 在不同扫描速度下的循环伏安图

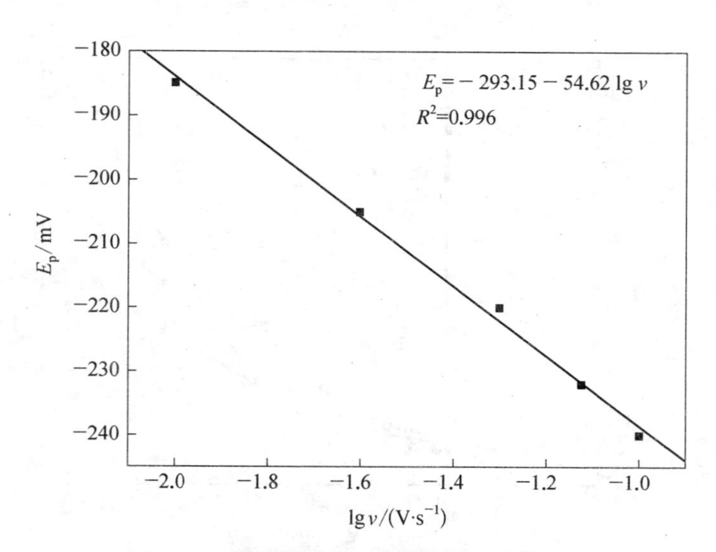

图 7.11　还原峰电位与扫描速度之间的关系

扫速 y 的对数呈线性关系，并由直线斜率以及在 298 K 下完全不可逆反应所遵循的峰电位与扫速之间的关系式[293, 294]，即可求得电荷传递系数 $\alpha n_{a} = 0.531$.

$$\mathrm{d}\,E_{p}\,/\mathrm{d}\,\lg \upsilon = -1.15RT/\alpha n_{a}F = -0.03/\alpha n_{a} \tag{7.2}$$

图 7.12 为 PNP 阴极还原的电流函数 $\Psi(\Psi = I_{p}/\nu^{1/2}C)$ 与 PNP 浓度以及扫速之间的关系．从图 7.12 可以看出，PNP 的电还原反应发生了弱吸附现象[295]．由图可见，当 PNP 浓度一定时，电流函数 Ψ 随扫速的关系曲线在较低的扫速范围内，峰电流与扫速的平方根接近于正比，反应受扩散控制；当达到较高的扫速时，峰电流同扫速之间成正比关系，反应受吸附控制.

从图中三条曲线对比可见，当扫速一定时，PNP 的浓度越低，电流函数值越高，说明在本体溶液中反应物浓度较低时吸附作用的贡献相对较大.

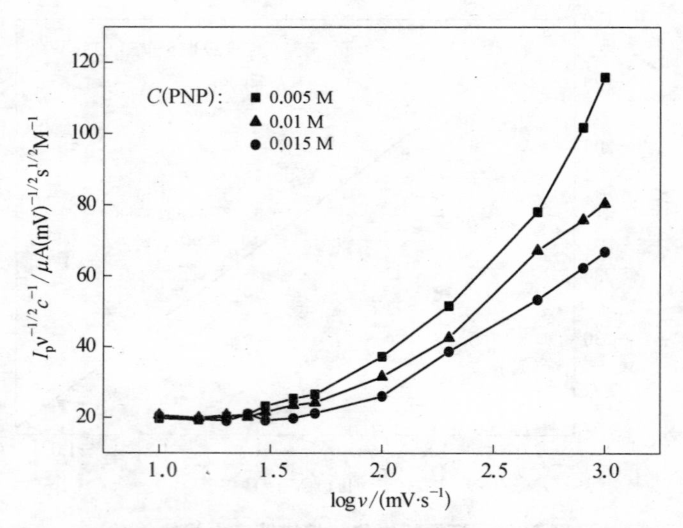

图 7.12　电流函数 Ψ 与 PNP 浓度、扫描速度之间的关系曲线

7.5.3 PNP 在 WC-PME 上发生还原时的扩散系数

图 7.13 为在不同 PNP 浓度下的计时电流曲线. 由于微电极在反应过程中具有线性扩散和非线性扩散加合的特性,因此若电解时间较短时,扩散层很薄,此时主要是线性扩散,当电解时间足够长时就达到了稳态[296]. 从图中可见,PNP 在电还原过程中电流随浓度增大而升高. 当脉冲时间达 50 s 后电流达到稳定值,不再随时间变化. 说明脉冲时间 50 s 后,电极附近的 PNP 浓度与电流之间趋于平衡,产生稳态电流 i_{ss}. 利用稳态电流对浓度作图,可获得图 7.14 的线性关系图. 由图 7.14 可以看出,i_{ss} 随浓度 C_b 的变化呈线性关系,利用微电极稳态电流关系式:

$$i_{ss} = 4nFDrC_b \tag{7.3}$$

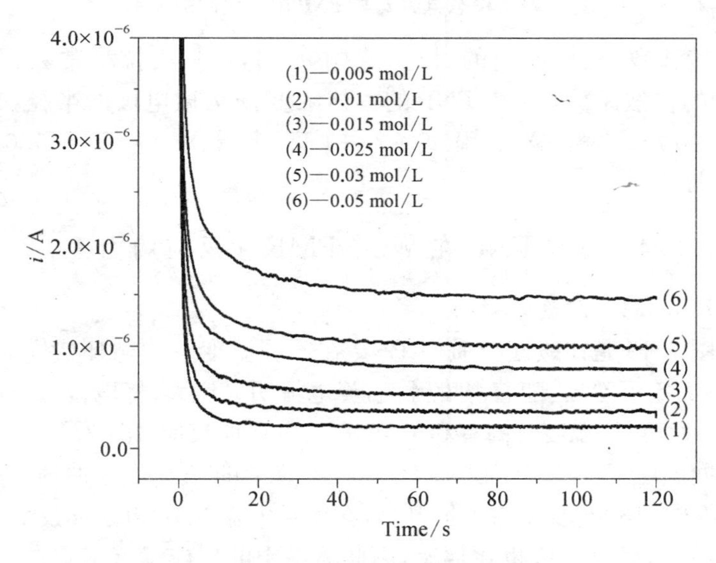

图 7.13 PNP 在不同浓度下的计时电流曲线

可以求出 PNP 在电还原反应过程中的表观扩散系数. 式中 n 为

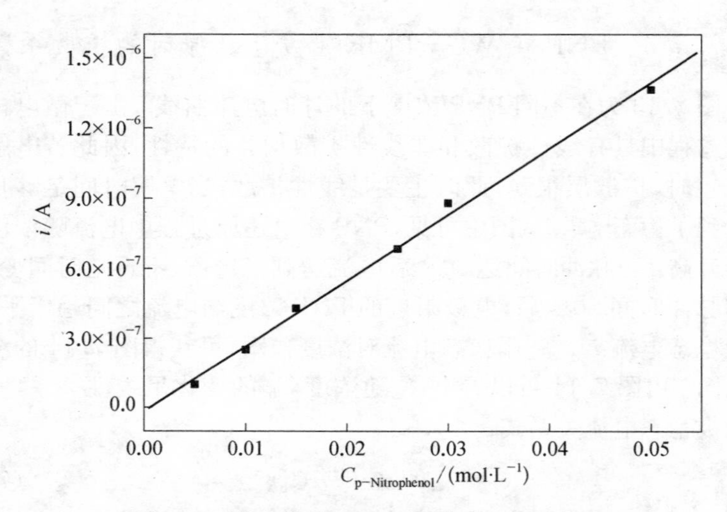

图 7.14　稳态电流 i_{ss} 与 PNP 浓度之间的关系

电子转移数，根据前面的讨论，式中 $n=4$，F 是法拉第常数，D 为 PNP 的扩散系数，C_b 为 PNP 的本体浓度，r 为微电极的半径，其值等于 30 μm. 根据方程式（7.3）可计算求得 $D=6.09\times10^{-6}$ cm²/s.

7.5.4　影响 PNP 在 WC－PME 上反应的因素

7.5.4.1　温度的影响

图 7.15 是在酸性介质中 PNP 在不同温度下的循环伏安曲线. 从图 7.15 可看出，随着温度升高，峰电流明显增大，峰电位往正向移动. 由此可见，温度升高有利于 PNP 的电还原反应. 图 7.16 显示的是不同温度下在 1.0 mol/L H_2SO_4 溶液中的循环伏安曲线. 由图 7.15 和 7.16 可见，随着温度升高，在体系中除 PNP 电还原反应速度加快以外，析氢反应也在加速，因此体系中的反应温度不宜过高，需控制在合适的数值范围内，否则将会降低硝基苯酚在电还原过程中的电流效率.

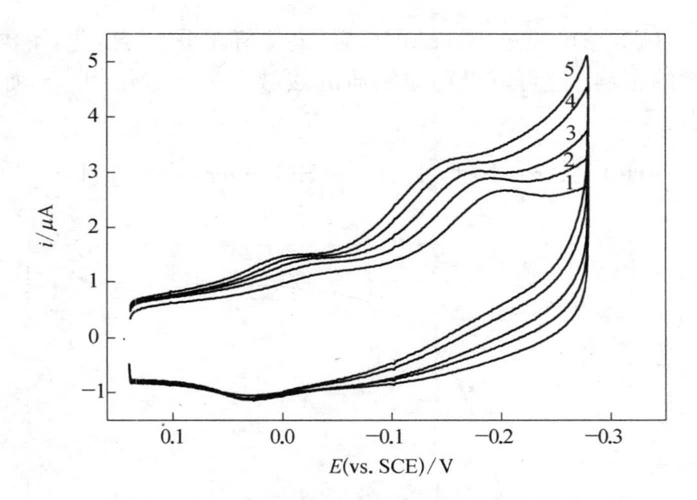

图 7.15 PNP 在不同温度下的循环伏安图

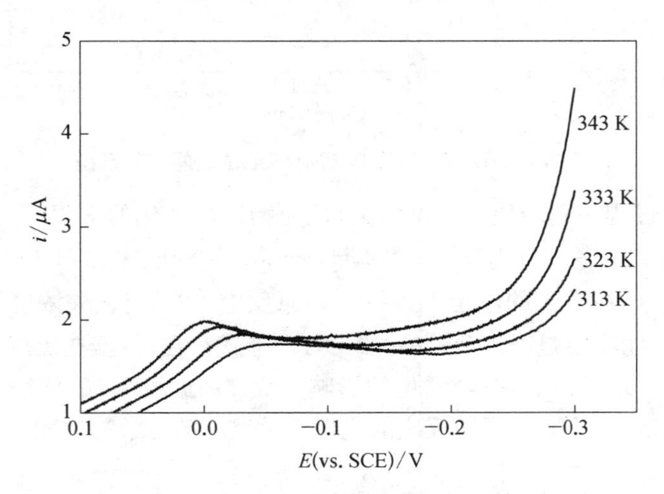

图 7.16 H_2SO_4 在不同温度下的循环伏安图

7.5.4.2 H_2SO_4 浓度的影响

图 7.17 为硫酸浓度与峰电位之间的关系图. 从图中可以看出，当硫酸浓度在 1.0 mol/L 以下，硫酸浓度增大，峰电位明显往正方向

移动；当硫酸浓度超过 1.0 mol/L 后，电位值几乎不再变化，不再受硫酸浓度的影响. 这可能是还原物质的酸碱平衡在起作用[297]，如反应式所示：

$$HO-Ar-NO_2+H^+\leftrightarrow HO-Ar-NO_2H^+ \quad (7.4)$$

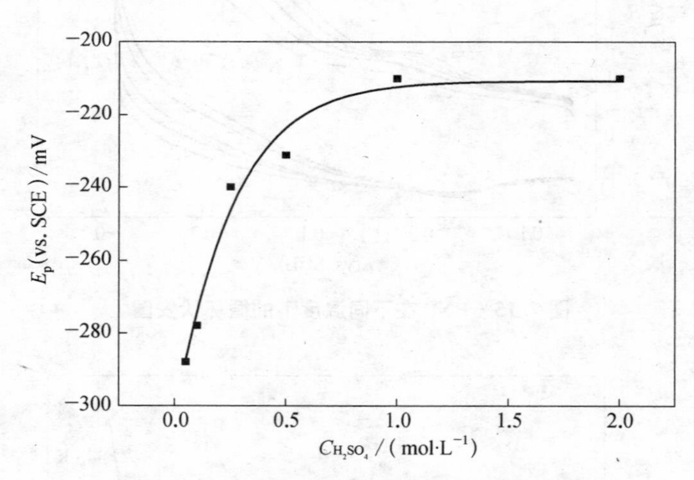

图 7.17　H_2SO_4 浓度与 PNP 峰电位之间的关系图

在反应过程中随着硫酸浓度增大，反应物以质子化的 PNP 存在的形式则越来越多. 与未质子化的 $HO-Ar-NO_2$ 相比，$HO-Ar-NO_2H^+$ 可在更正的电位下进行电还原反应[294]. 当硫酸浓度足够高时，反应物主要是以 $HO-Ar-NO_2H^+$ 形式存在，以至在硫酸浓度超过 1.0 mol/L 以后，对峰电位的影响不大. 由此可见，硫酸浓度的变化将影响着 PNP 电还原反应的机理以及反应动力学的过程.

7.6　本章小结

（1）采用三种不同结构形貌的 WC 粉末制成了碳化钨粉末微电极，通过线性扫描法对各自的电催化性能进行了评价，结果表明，具有介孔结构空心球状的 WC 粉末微电极电催化活性最佳.

(2) 通过循环伏安和线性扫描等方法研究了 PNP 在 WC-PME 上的电还原性能. 研究表明,PNP 在 WC-PME 上出现明显的电还原峰,具有良好的电催化活性,同时在相同测试条件下,WC-PME 在 PNP 电还原过程中的性能比 Cu-Hg 微电极优良,对氢具有较强的吸附能力,有利于有机物的电还原反应.

(3) 研究表明 WC-PME 和 Pt 微电极在 PNP 体系中的还原电位相近,但 WC-PME 的峰电流比 Pt 微电极高得多. 碳化钨粉末微电极良好的电催化性能主要与结构形貌有关.

(4) 采用循环伏安、计时电流等测试方法探讨了 PNP 电还原过程中的性能. 实验表明,PNP 在 WC 粉末微电极表面上进行反应时,与扫描速度、PNP 浓度、温度以及硫酸浓度等因素相关. 另外,通过实验结果计算了 PNP 电还原过程的电荷传递系数和表观扩散系数分别为 $\alpha n_a = 0.531$ 和 $D = 6.09 \times 10^{-6}$ cm^2/s;WC-PME 和 Pt 微电极在 PNP 电还原过程中的表观活化能分别为 33.21±0.66 kJ/mol 和 22.34±0.22 kJ/mol.

第八章 结论与展望

8.1 结论

本文分别从高活性碳化钨粉体催化材料的制备、表征、碳化钨形成机理、电化学稳定性和电催化性能等方面开展了研究工作，其主要结论和创新之处如下：

1. 在国内首次提出了以黄色钨酸或偏钨酸铵为钨源，以一氧化碳和二氧化碳气体为碳源，采用连续式和间歇式制备不同结构高活性碳化钨粉体催化材料的方法. 间歇式制备方法较佳的工艺条件是：CO 流量 480 mL/h·g H_2WO_4，CO_2 流量 48 mL/h·g H_2WO_4；含钨原料先在 500℃中保温 1 h，以除去其中的结晶水；然后升温至750℃，恒温 12 h. 连续式制备方法较佳的工艺条件是：以工业品或轻质钨酸为原料；CO 流量 1.5～3 m^3/h；固相物料停留时间 9～12 h；反应温度：物料入口处，400～500℃；中部壁温 850±20℃；反应区入口气体 400～600℃. 在碳化钨制备过程中分焙解、还原、渗碳三个阶段完成，尤其是连续式制备 WC 的方法，不但体系易于稳定，生产效率较高，更重要的是碳化操作按一定脉冲间隔连续进行，产品质量稳定、可靠.

2. 成功地构建了喷雾干燥-固定床法制备纳米碳化钨粉体的实验室制备装置. 通过对喷雾干燥设备的设计、改进和工艺参数的优化，成功地制备出具有圆形结构、粒度均匀、流动性好的氧化物粉末前驱体. 研究发现在前驱体制备过程中，采用气流式喷雾干燥系统制备的前驱体为光滑空心球体，采用离心式喷雾干燥系统制备的前驱体为粗糙实心球. 同时也发现，氧化物粉末前驱体由非晶态和微晶颗粒混合组成，颗粒内金属元素基本上处于均匀分布；前驱体中金属元素均以原始价态存在，没有形成变价化合物.

3. 在国内外首先提出并实现了通过喷雾干燥法先制备出具有圆形结构、粒度均匀、流动性好的氧化物粉末前驱体，然后在反应炉中进行还原碳化反应，最后通过高温急冷技术制备出由纳米微粒组成、具有介孔结构空心球状的碳化钨粉体新工艺. 这种介孔结构空心球状的 WC 颗粒由许多长介于 100～800 nm，宽介于 50～150 nm 之间短柱状体构成，短柱体之间以介孔孔隙相互连通. 具有这种结构的碳化钨粉体催化材料在国内外文献中尚未见报道，在碳化钨颗粒的结构上取得了重大突破.

4. 采用原位 XRD 技术，并结合 SEM 形貌检测，较为详细地分析和研究了 WC 制备过程中晶相的转变以及样品的形貌变化，探讨了介孔结构空心球状颗粒的形成机理. 研究表明，偏钨酸铵在 CO/CO_2 气氛中进行还原碳化时，晶相转变过程与还原碳化时的温度和升温速率密切相关. 缓慢升温时，样品遵循 $AMT \rightarrow WO_3 \rightarrow WO_2 \rightarrow W_2C \rightarrow WC$ 的物相变化规律；“阶跃式”升温时，样品则遵循 $AMT \rightarrow WO_3 \rightarrow WO_2 \rightarrow WC$ 的物相变化规律. 另外，样品颗粒中介孔结构空心球状形貌的形成可能与前驱体的特性、喷雾干燥微球化处理、反应过程中生成的气体和 WO_3 的升华特性等密切相关.

5. XRD、SEM、BET、EDS、XPS 等测试表明，在制备过程中控制不同的工艺条件可获得具有不同 x 值的 WC_{1-x} 粉体. 碳化温度和冷却速度对碳化钨粉末的表面形貌与结构具有很大影响，急冷时制得的碳化钨颗粒具有多孔结构. 样品的物相组成以正六方结构 WC 相为主，主要化学成分为 W、C 和 O，W 与(C+O)的原子比为 0.977，说明样品中的 O 可能由两部分组成：一部分 O 进入晶格结构弥补了 C 的缺陷，取代了 C 原子的晶格位置，形成了 O－W 键；另一部分 O 可能是在样品钝化过程中吸附在样品表面形成了 W－O 键. 样品在空气中 400℃以下保持稳定. 这些结果与国外文献报道相一致.

6. 采用恒电流阳极充电法首次研究了 WC 催化剂在不同电解液中的电氧化行为和稳定性. 研究发现，电极电位低于 800 mV 时，在酸性电解液中 WC 粉末电极对氢阳极氧化反应具有良好的电催化活性和电化学稳定性，其性能与铂电极相类似. 电极电位高于 800 mV 时，WC 粉末电极中的 W 开始发生氧化，电极表面的活性中心受到破坏，电极处于不稳定状态，因此 WC 电极在高电位条件下的电化学稳定性仍不如铂，在使用过程中应严格控制电极电位. 在碱性电解液中 WC 粉末电极对氢阳极氧化反应的电催化作用较差，反应过程主要是 WC 粉末自身的电氧化反应或析气反应，因此 WC 粉末不宜在碱性电解液体系中作氢阳极氧化反应的电催化剂. 同时对电氧化过程的机理研究表明，在 2.0 mol/L H_2SO_4 电解液中，若电极电位大于 800 mV(vs. DHE)，则电极表面上的碳化钨催化剂被氧化成 W_2O_5，电氧化过程属 1 电子反应；在 3.5 mol/L HCl 中，电极表面上生成的产物为 W_8O_{23}，属 1.75 电子反应. 在 2.5 mol/L KOH 电解液中，WC 粉末的电氧化过程未经中间氧化态的变化一步就氧化成 WO_3，为 2 电子氧化反应.

7. 在国内首次研究了以 WC 为催化剂的气体扩散电极的电催化性能. 结果表明，这种电极对氢阳极氧化反应具有较高的电催化活性，在 3.5 mol/L HCl 电解液中反应的表观活化能为 23.3 kJ/mol，在 2.0 mol/L H_2SO_4 中为 14.5 kJ/ mol，在 85% H_3PO_4 中为 13.7 kJ/mol，在同等条件下文献值一般为 33.4 kJ/mol，最佳的电极为 16.7 kJ/mol，因此，本工作制备的气体扩散电极具有较高的电催化活性. 另外，在同等测试条件下，极化电位为 100 mV 时，本工作制作的气体扩散电极 的电流密度为 620 mA/g，Böhm 报导的为 220 mA/g；当电极电位在 350 mV 时，本工作的电流密度为 3 020 mA/g，Nikolov 等报导的电流密度为 580 mA/g，这也表明本工作研究的防水型 WC 气体扩散电极具有较高的电极活性.

8. 对不同物相组成碳化钨粉末电催化性能的研究表明，在氢阳极氧化反应过程中，WC 电极的 Tafel 斜率是 W_2C 电极的两倍，这表明这两种电极上的氢阳极氧化反应具有不同的反应机理. 以 WC 为主物相的碳化钨粉末对氢的电氧化反应具有较高的催化活性，在

30℃、22% HCl 电解液中进行氢阳极氧化时，其交换电流密度为 8.58 mA/cm^2，传递系数为 0.75；但 W_2C 电极的交换电流密度 i^o 与 WC 电极相比，相差约 100 倍(10^{-2})，说明 W_2C 电极在氢阳极氧化反应过程中其电催化活性很低，不宜做这类反应的电催化剂.

9. 通过稳态极化法测定了 W_2C 析氢阴极的极化曲线，并求得了不同电解液中 W_2C 氢阴极的动力学参数. 研究表明，以 W_2C 为主相的碳化钨粉末对析氢反应具有良好的电催化活性，在 25℃、20% NaOH 的溶液中进行析氢反应时，其交换电流密度为 2.42 mA/cm^2，传递系数为 0.472；测试表明，W_2C 氢阴极的某些动力学参数类似于 Pt 电极. 在相同条件下，W_2C 电极在酸性溶液中也具有很高的交换电流密度 i^o，说明 W_2C 物相的电催化剂适合于析氢反应的电极材料，在水电解工业中具有良好的应用前景.

10. 采用循环伏安法首次探讨了 WC 电极在有机电化学反应中的催化活性. 结果表明，在酸性介质中 WC 粉末电极对硝基苯电还原反应具有较高的催化活性. 硝基苯在 WC 电极上进行电化学还原时的表观活化能为 23.7 kJ/mol，电还原过程反应受扩散和电化学步骤混合控制. 在碱性介质中，硝基苯在 WC - Ni 粉末电极上电化学还原的峰电流是 Ni 电极的 3 倍多，具有较高的电催化活性. 另外，碳化钨电极对硝基甲烷的还原反应也具有良好的催化活性.

11. 采用粉末微电极技术，首次研究了介孔结构空心球状碳化钨在对硝基苯酚(PNP)电还原反应中的催化性能. 结果表明，介孔结构空心球状碳化钨催化剂对对硝基苯酚具有很好的催化性能. 在相同测试条件下，碳化钨粉末微电极在 PNP 电还原过程中的峰电流比 Cu - Hg 微电极和 Pt 微电极高 3 倍以上，其性能比 Cu - Hg 微电极和 Pt 微电极优良.

8.2 展望

1. 至今人们已经发现，WC 催化剂的表面结构、电子性质都具有类Pt的催化活性，所以它是一种新型的催化材料，尤为可贵的是：它具有较强的耐酸性，良好的导电性和奇特的催化活性，而且不受任何浓度的一氧化碳和几个PPM的硫化氢中毒．在电化学领域，它可作为酸性燃料电池中的氢阳极和电解中的活性阴极；在化学领域它是一种选择性催化剂．在液相化学反应中WC催化剂对芳香族硝基化合物、芳香族亚硝基化合物、脂肪族硝基化合物和醌的加氢反应具有良好的催化活性．因此WC催化剂在21世纪的燃料电池、化学工业等领域具有宽阔的发展和应用前景，必须在现有的研究基础上，加快研究和开发的步伐．

2．鉴于Pt在燃料电池、化学工业等领域是必不可少的催化材料，随着科学技术的发展其用量越来越大，但地球上Pt资源十分有限，缺口极大，如何处理和解决好人类需求与自然资源不足这一矛盾，是人类今后发展的难题之一．若能将WC催化剂取代Pt催化剂，可能是解决这对矛盾的方法之一．

3．尤其在我国，铂资源十分缺乏，基本靠进口维持工业所需，而我国钨资源十分丰富，钨矿储藏量占全世界总储藏量的55%以上，如何综合利用我国丰富的钨资源，提高其高科技含量，研制和开发出高附加值的钨系列产品，尤其是能够利用我国丰富的钨资源来弥补铂的紧缺问题，将工业上大规模应用的、价格昂贵的Pt催化剂用廉价的WC催化剂来替代，这对我国资源的合理利用、促进我国21世纪的科技和经济的发展将具有重要的意义．

4．人类自发现WC催化剂具有类Pt性能以来，已有30多年的历史，在这期间人们虽然已在WC催化剂的制备、结构、性能和应用等方面取得了许多进步和发展，并积累了大量的基础数据、研究结果和经验，但实践证明目前研制的WC催化剂与燃料电池中使用的贵金属Pt催化剂相比，WC的电催化活性仍然较低，在WC电极上，氢氧化反应的速度常数要比Pt小2个数量级，WC催化的活性仍比不上铂催化剂，研究尚无突破性进展，尚不具备推广应用价值．如果有朝一日WC催化剂的催化活性有重大突破，完全能够用它来取代Pt

催化剂,那么,其应用前景将不可估量.

5. 如何进一步提高 WC 催化剂的催化活性问题是国内外研究人员共同关心和注目的问题,也是能否使其实用化的关键所在.根据催化理论,若要提高 WC 的催化活性,必须进一步降低 WC 的颗粒大小,提高其比表面积;近年来对 WC 催化剂的研究也表明,采用 CVD 制备的超细颗粒 WC 膜具有与 Pt 相同数量级的电催化活性.这主要是纳米级超微粒子具有高比例的表面原子、高表面积和高表面能,而且表面晶格杂散部分可提供活动中心来提高表面活性,因此其活性及选择性都高于同类型的传统催化剂,因此,要提高 WC 催化剂的催化活性,可从以下几方面思考:(1) 通过制备方法和工艺的改进,将 WC 颗粒纳米化、结构多孔化,进一步提高其比表面积和活性中心;目前,国际上制备 WC 纳米材料的常用方法有固定床反应法、原位渗碳还原法、机械合金化法和喷雾干燥-流化床法等,其中喷雾干燥-流化床法由美国 Rugters 大学 Kear 等人提出,是目前制备纳米碳化钨最成功的一项技术,具有很好的工业应用前景.(2) 通过对 WC 的掺杂及表面改性等处理,使其产生协同效应,可望大幅度提高其催化活性.(3) 通过对 WC 表面与界面状态、微观缺陷等的修饰与组装,改变其本征原子结构,使其提高催化活性.

6. 通过对燃料电池体系、有机电化学合成体系、有机化学合成体系、化学工业催化加氢和催化裂解等体系的应用研究,可促进 WC 催化剂的研究和开发步伐.

参 考 文 献

1 《冶金常识》编写组编. 钨与钼. 冶金工业出版社，1973

2 Gaziev G. A., Krylov O. V., Roginskii S. Z., *et al*. Dehydrogenation of cyclohexane on certain carbides, borides, and silicides. *Doklady Akademii Nauk SSSR*, 1961; **140**: 863

3 Samsonov G. A. Kinet. Katal, 1967; 863: 10

4 Böhm H., Pohl F. A. Catalytic activity of tungsten carbide in the oxidation of hydrogen. *Journees Int. Etude Piles Combust.*, 1969; 183

5 Böhm H. Fuel cell assemblies with an acidic electrolyte. *Journal of Power Sources*, 1976; **1**(2): 177

6 Böhm H., Fleischmann R., Heffer. J. The WC/H_3PO_4/Pt-fuel cell system. *International society of electrochemistry 29th meeting*, 1978

7 Binder H., Koehling A., Kuhn W., *et al*. Tungsten carbide catalyst for hydrazine fuel cells. *Ger. Offen*, *DE* 1903522, 1970

8 Zimmermann G., Jahnke H., Magenau H., *et al*. Fuel electrode for anodic oxidation of formaldehyde in electrochemical fuel cells. *Ger. Offen*, *DE* 2334709, 1975

9 Sokolsky D. V. Liquid phase purification of carbide acetylene and compositions for the process. *J. Power Sources*, 1976; **1**(2): 169

10 Wiesener K. Nonnobel metal catalysts for acid electrolyte fuel cells. *International society of electrochemistry 29th*

meeting, 1978

11 Nakamura O., Ogino I., Adachi M., *et al*. Hydrogen-oxygen fuel cell with solid electrolyte. *JP*. 60230357, 1985

12 Yang Z. W., Ma C. A. Hydrogen-chlorine fuel cell producing hydrochloric acid and recovering electric energy. *CN* 86104831, 1988

13 Armstrong R. D., Bell M. F. Tungsten carbide catalysts for hydrogen evolution. *Electrochim. Acta*, 1978; **23**(11): 1111

14 Nikolov I., Petrov K., Vitanov T., *et al*. Tungsten carbide cathodes for electrolysis of sulfuric acid solutions. *Int. J. Hydrogen Energy*, 1983; **8**: 437

15 Struk B. D., *et al*. Tungsten carbide cathodes for hydrogen production. *Adv. Hydvogen Energy*, 1984; **4**: 943

16 Asano H., Shimamune T., Goto T., *et al*. Cathodes for electrolysis of acidic solutions. *Ger. Offen*, *DE* 3322125, 1984

17 Tsirlina G. A., Petri O. A., Effect of a carbon deficiency on the electrocatalytic activity of tungsten carbide. *Elektrokhimiya*, 1984; **20**(3): 420

18 Zóltowski P. Hydrogen evolution reaction on smooth tungsten carbide electrodes. *Electrochim. Acta*, 1980; **25**: 1547

19 杨祖望，马淳安. 氢阳极法制碱技术探讨. 中国氯碱通讯，1987; (2): 17

20 Vértes G., Horányi G., Szakács S. Selective catalytic behaviour of tungsten carbide in the liquid-phase hydrogenation of organic commpounds. *J. Chem. Soc. Perkin Trans.* Ⅱ, 1973

21 Rycheck M. R., Pennella F. Catalytic hydrogenation. *US* 4101592, 1978

22 Kojima I., Miyazaki E., Inoue Y., *et al*. Catalytic activities of

TiC, WC, and TaC for Hydrogenation of ethlene. *J. Catal.*, 1979; **59**: 472

23 Horányi G., Rizmayer E. M. Novel evidence for the selective behavior of tungsten carbide in liquid phase heterogeneous catalytic hydrogenation. *React Kinet. catol. Lett.*, 1980; **13**(1): 21

24 Sokolskii D. V., Trukhachova N. P. Isomerization of unsaturated compounds on lead/aluminum oxide in the presence of additives. *Zh. Fiz. Khim.* 1981; **55**(11): 2799

25 Vidick B., Lemaîter J., Leclercq L. Control of the catalytic activity of tungsten carbides Ⅲ. Activity for ethylene hydrogenation and cyclohexane dehydrogenation. *Journal of Catalysis*, 1986; **99**: 439

26 Agency of Industrial Sciences and Technology. *Jpn. Kokai Tokkyo* 8097253, 1979

27 Finch J. N. Methanation of carbon monoxide over tungsten carbide-containing alumina catalyst. *US* 4219445, 1980

28 Lilin S. A., Freid Kh. M. Catalytic activity of tungsten carbide in the decomposition of hydrogen peroxide in acid media. *Vopr. Kinet. Katal*, 1976

29 Nguyen H. D., Wiesener K. The anodic oxidation of formaldehyde by tungsten carbide in sulfuric acid. *Wissenschaftliche Zeitschrift der Technischen Universitaet Dresden*, 1976; **25**(1): 169

30 Schulz-Ekloff G., Baresel D., Sarholz W. Notes crystal face specificity in ammonia synthesis on tungsten carbide. *Journal of Catalysis*, 1976; **43**: 353

31 Böhm H., Fleischmann R., Heffler J. Development of a crude gas/air fuel cell system. Report, *BMFT-FB-T*-79-103, 1979

32 Fleischmann R. , Böhm H. Fuel cell aggregate with tungsten carbide as anode catalyst. *Berichte der Bunsen-Gesellschaft*, 1980; **84**(10): 1023
33 Ross P. N. , Stonehart P. The relation of surface structure to the electrocatalytic activity of tungsten carbide. *J. Catalysis*, 1977; **48**: 42
34 杨祖望，马淳安. 氢氯燃料电池的研究. 浙江工学院学报, 1987; **1**: 1.
35 Nakamura O. , Ogino I. , Adachi M. , *et al*. Hydrogen-oxygen fuel cell with solid electrolyte. *JP* 60230357, 1985
36 Schulz-Ekloff G. , Baresel D. , Sarholz W. Notes crystal face specificity in ammonia synthesis on tungsten carbide. *J. Catal.* , 1976; **43**: 353
37 Ross P. N. , Jr Stonehart P. Surface characterization of catalytically active tungsten carbide (WC). *J. Catal.* , 1975; **39**: 298
38 Benziger J. B. , Ko E. I. , Madix R. J. The characterization of surface carbides of tungsten. *J. Catal.* , 1978; **54**: 414
39 Levy R. B. , Boudart M. Platimun-like behavior of tungsten carbide in surface catalysis. *Science*, 1973; **181**: 547
40 Bennett L. H. , Cuthill J. R. , Mcalister A. J. , *et al*. Electronic structure and catalytic behavior of tungsten carbide. *Science*, 1974; **184**: 563
41 Houston E. , Laramore G. E. , Robert L. Surface electronic properties of tungsten, tungsten carbide, and platinum. *Science*, 1974; **185**: 58
42 Bliznakov M. , Kiskinova M. P. , *Surnev* L. N. Auger electron spectroscopy and mass spectroscopy studies on hydrogenation of graphite in presence of nickel and tungsten. *J. Catal.* ,

1983；**81**

43 Ross N.，tonehart P. The relation of surface structure to the lectrocatalytic activity of tungsten carbide. *J. Catal.*，1977；**48**：2

44 徐志花，马淳安，甘永平等. 超细碳化钨及其复合粉末的制备. 化学通报，2003；**66**(8)：544

45 Masaya M.，Akio N.，Noriyuki A. Process for the production of tungsten carbide or mixed metal carbides. *US* 4008090，1977

46 柳林，李兵，丁星兆等. 机械合金化法制备超高熔点金属碳化物纳米材料. 科学通报，1994；**39**(5)：471

47 Wang G. M.，Campbell S. J.，Calka A.，*et al*. Synthesis and structural evolution of tungsten carbide prepared by ball milling. *J. Mater. Sci.*，1997；**32**：1461

48 张玉华，张纪生. 超细硬质合金研究综述. 粉末冶金，1995；**13**(3)：216

49 刘辉. 用ART制造超细钨粉及碳化钨的工业实验. 稀有金属与硬质合金，1995；**121**：8

50 陈绍衣. 用W18O49制造超细钨粉及超细碳化钨粉. 中南工业大学学报，1997；**28**(5)：456

51 Ronsheim P.，Toth L. E.，Mazza A.，*et al*. Direct currect arc-plasma synthesis of tungsten carbides. *J. Mater. Sci.*，1981；**16**：2665

52 刘舜尧，张春友. 纳米硬质合金开发与应用. 矿冶工程，2000；**20**(1)：70

53 Toth L. E. Transition metal carbides and nitrides（Academic Press. New York），1971

54 Asada U.，Yamamoto Y.，Shimatani K.，*et al*. Particle size of fine grain WC by the continuous direct carburizing process. *MPR*，1990；**45**(1)：60

55 Kong P. C., Lau Y. C. Plasma synthesis of ceramic powders. *Pure & Appl. Chem.*, 1990; **62**(9): 1809

56 Stephen D. D., William M. Low temperature for synthesizing micrograin tungsten carbide. *US* 5372797, 1994

57 Brookes K. J. A. Hard metals and Hard materials. *MPR*, 1989; **44**(4): 281

58 Fukatsu T., Kobori K., Ueki M. Micro-grained cemented carbide with high strength. *Int. J. of Refractory Metal & Hard Materials*, 1991; **10**: 57

59 缪曙霞，殷声，李建勇等. 自蔓燃高温合成法(SHS)制备碳化钨. 中国有色金属学报，1994; **4**(2): 79

60 Löfbery A., Frennet A., Leclercq G., *et al*. Mechanism of WO_3 reduction and carburization in the CH_4/H_2 mixtures leading to bulk tungsten carbide powder catalysts. *J. Catal.*, 2000; 189: **170**

61 Koc R., Kodambaka S. K. Tungsten carbide (WC) synthesis from novel precursor. *Journal of the European Ceramic Society*, 2000; **20**: 1859

62 Wanner S., Hilaire L., Weher P., *et al*. Obtaining tungsten carbide from tungsten bipyridine complexes via low temperature thermal treatment. *Applied catalysis A*, 2000; **203**: 55

63 Ma C. A., Zhang W. K., Chen D. H., *et al*. Preparation and electrocatalytic properties of tungsten carbide electrocatalysts. *Trans. Nonferrous Met. Soc. China*, 2002; **12**(6): 1015

64 Preiss H., Meyer B., Olschewski C. Preparation of molybdenum and tungsten carbides from solution derived precursors. *J. Mater. Sci.*, 1998; **33**: 713

65 王平. 制取亚微米级 WC 粉的研究. 硬质合金，1997; **14**(4): 218

66 Edeiros F. F. P., Oliveria S. A. D., Souza C. P. D., *et al*. Synthesis of tungsten carbide through gas-solid reaction at low temperatures. *Materials Science and Engineering A*, 2001; **315**: 58
67 高荣根. 纳米结构 WC - Co 复合粉末的制备与应用. 稀有金属与硬质合金, 1999; **137**: 49
68 刘舜尧, 张春友. 纳米硬质合金开发与应用. 矿冶工程, 2000; **20**(1): 70
69 Ronsheim P., Lau Y. C. Direct currect arc-plasma synthesis of tungsten carbides. *J. Mater. Sci.*, 1981; **16**: 2665
70 Asada U., Yamamoto Y., Shimatani K., *et al*. Particle size of fine grain WC by the continuous direct carburizing process. *MPR*, 1990; **45**(1): 60
71 Kong P. C., Mazza A., Toth L. E., *et al*. Plasma synthesis of ceramic powders. *Pure & Appl. Chem.*, 1990; **62**: 1809
72 Hare W., Alan Murr, *et al*. Process for producting nonoxide powders. *US* 4460697, 1984
73 Dummead low temperature for synthesizing micrograin tungsten carbide. *US* 5372797, 1994
74 Brookes K. J. A. Hard metals and hard materials at Sumitomo. *MPR*, 1989; **44**(4): 281
75 Fukatsu T., Kobori K., Ueki M. Micro-grained cemented carbide with high strength. *Int. J. of Refractory Metal & Hard Materials*, 1991; **10**: 57
76 Volpe L., *Solid J. State Chem.*, 1985; **59**: 332
77 Yao Z. G., Stiglich J. J. Nanosized WC - Co holds promise for the future. *Metal Power Report*, 1998; **3**: 26
78 Zhou Y. T., Manthiram A. New A Route for the synthesis of WC - Co Nanocomposites. *J. Am. Ceram. Soc.*, 1994;

77：2777

79 Zhou Y. T.，Manthiram A. Influence of processing parameters on the Formation of WC－Co Nanocomposite powder using a polymer as Carbon source. *Composites. Part B*，1996；**27**(5)：407

80 Kim B. K.，Ha G. H.，Lee D. W. *et al*. Chemical process of nanostructured cemented carbide. *Advanced Performance Materials*，1998；**5**：341

81 Zhang Z. Y.，Muhammed M. Thermochemical decomposition of cobalt doped ammonium paratungstate precursor. *Thermochimica Acta*，2002；**71149**：1

82 曹立宏，欧阳世翕，时东霞等. 硬质合金 WC－Co 超细粉末的制备研究. 硅酸盐学报，1995；**24**(5)：604

83 Fan Y. S.，Fu L.，Xiao J. D.，*et al*. Preparation of nanosize WC－Co composite powders by plasma. *J. Mater. Sci. Lett.*，1996；**15**：2184

84 Fu L.，Cao L. H.，Fan Y. S. Two-step synthesis of nanostructured tungsten carbide－cobalt powders. *Scripta Mater.*，2001；**44**：1061

85 毛昌辉. 高能机械研磨纳米结构 WC-Co 复合粉末的研究. 稀有金属，1999；**23**(3)：185

86 Kim B. K.，Choi C. J. Fabrication of nanostructured powders by chemical processes. *Scripta Mater.*，2001；**44**：2161

87 Ban Z. G.，Shaw L. L. Synthesis and processing of nanostructured WC－Co materials. *J. Mater. Sci.*，2002；**37**：3397

88 Ma X. M.，Zhao L.，Ji G.，*et al*. Preparation and structure of bulk nanostructured WC－Co alloy by high energy ball milling. *J. Mater. Sci. Lett.*，1997；**16**：968

89 Ma X. M., Ji G. Investigation of nanostructured WC－Co alloy prepared by mechanical alloying. *Rare Metals*, 1998; **17**(2): 88

90 Mccandlish L. E., Larry E., Kear B. E, *et al*. Spray conversion process for the production of nanophase composite powders. *US* 5352269, 1994

91 Henderson K., Derek Simth, *et al*. Throughout efficiency enhancement of fluidized bed jet mill. *US* 5562253, 1996

92 张汉林，刘韩星，欧阳世翕等. 流化床还原碳化法制备超细WC-Co复合粉末. 粉末冶金技术，1995; **13**(3): 202

93 欧阳亚菲. 合成超细碳化钨钴复合粉末的一种新方法. 硬质合金，1998; **15**(3): 145

94 McCandlish L. E., Kear B. H., Kim B. K., Chemical processing of nanophase WC－Co composite powders. Mater. *Sci. & Tech.*, 1990; **6**: 953

95 Kear B. H., McCandlish L. E. Chemical processing and properties of nanostructured WC－Co materials. *Nanostructured Mater.*, 1993; **3**: 19

96 Gao L., Kear B. H. Low temperature carburization of high surface area tungsten powders. Nanostruct. *Mater.*, 1995; **5**(5): 555

97 高荣根. 纳米结构WC－Co复合粉末的制备与应用. 稀有金属与硬质合金，1999; **137**: 49

98 Nikolov I., Vitanor T., Nikolova V. The effect of the method of preparation on the catalytic activity of tungsten carbide for hydrogen evolution. *J. Power sources*, 1980; **5**: 197

99 陈衍珍. WC电极材料. 电源技术，1984; **6**: 33

100 Nikolov I., Nikolova V., Vitanov T. The preparation of the white tungstic acid modification and its use for the synthesis of highly active tungsten carbide. *J. Power Source*, 1981; **7**: 83

101 锺天耕，黄安平，陆兆锷等. 防水型氢扩散电极的制备和性质. 华东华工学院学报，1993；**19**(1)：113

102 Tothy L. E. Transition metal carbides and nitrides (Academic Press. New York)，1971

103 Oyama S. T.，Schlatter J. C.，Metcalfe J. E. Preparation and character-rization of early transition metal carbides and nitrides. *Ind. Eng. Chem. Res.*，1988；**29**(9)：1639

104 Leclercq G.，Kamal M.，Lamonier J. F.，*et al*. Treatment of bulk group Ⅵ transition metal carbides with hydrogen and oxygen. *Applied Catalysis A: General*，1995；**121**：169

105 Delannoy L.，Giraudon J. M.，Granger P.，*et al*. Chloropentafluoroethane hydrodechlorination over tungsten carbides：influence of surface stoichiometry. *J. Catal.*，2002；**206**：358

106 庄益平 A.，Löfberg T.，Frenne A. 碳化钨预处理对烷烃反应活性的影响. 催化学报，1997；**18**(1)：60

107 Neylon M. K.，Choi S.，Kwon H.，*et al*. Catalytic properties of early transition metal and carbides：n-butane hydrogenolysis，dehydrogenation and isomerization. *Applied Catalysis A: General*，1999；**183**：253

108 Leticia O.，Romeu P.，Yacaman M. J. Distribution of surface sites on small metallic particles. *Appl. Surf. Sci.*，1982；**13**：402

109 Palamker V. S.，Sokolsky D. V.，Mazulevsky E. A.，*et al*. Catalytic activity and capacitance of tungsten carbide as a function of its disparity and surface state. *Electrochimca Acta*，1997；**22**：661

110 Ross P. N.，Macdonald J.，Stonehart P. Surface composition of catalytically active tungsten carbide (WC). *J. Electroanal.*

Chem., 1975; **63**: 450

111 Santos J. B. O., Valenca G. P., Rodrigues J. A. J. Catalytic decomposition of hydrazine on tungsten carbide: the influence of adsorbed oxygen. *J. Catal.*, 2002; **210**: 1

112 Delannoy L., Giraudon J. M., Granger P., *et al*. Group Ⅵ transition metal carbides as alternatives in the hydrodechlorination of chlorofluorocarbons. *Catalysis Today*, 2000; **59**: 231

113 Ribeiro F. H., Della-Betta R. A., Boudart M., *et al*. Reaction of neopentane, methylcyclohexane, and 3, 3-dimethylpentane on tungsten carbides: the effect of surface oxygen on reaction pathways. *J. Catal.*, 1991; **130**: 86

114 Ribeiro F. H., Baumgartner J. E., Dalla～Betta R. A., *et al*. Catalytic reaction of n-alkanes on β-W_2C and WC: The effect of surface oxygen on reaction pathways. *J. Catal.*, 1991; **130**: 498

115 Iglesia E., Baumgartner J. E., Ribeiro F. H., *et al*. Bifunctional reactions of alkanes on tungsten carbides modified by chemisorbed oxygen. *J. Catal.*, 1991; **131**: 523

116 Iglesia E., Ribeiro F. H., Boudart M., *et al*. Synthesis, characterization, and catalytic properties of clean and oxygen modified tungsten carbides. *Catal. Today*, 1992; **15**: 307

117 Liu N., Rykov S. A., Chen J. G. A comparative surface science study of carbide and oxycabide: the effect of oxygen modified on the surface reactivity of C/W (111). *Surface Science*, 2001; **487**: 107

118 Hemming F., Wehrer P., Katrib A., *et al*. Reactivity of hexanes (2MP, MCP and CH) on W, W_2C and WC powders. Part Ⅱ. Approach to organometallic chemistry. *Journal of*

Molecular Catalysis A: Chemical, 1997; **124**: 39

119 Ross P. N. Macdonald and stonehart. surface characterization of catalytic-ally active tungsten carbide (WC). *J. Electroanal Chem.*, 1975; **63**: 450

120 Ross P. N. The ralation of surface structure to the electrocatalytic activity of tungsten carbide. *J. Catal.*, 1977; **48**: 42

121 Fleischmann R., Böhm H. Wasserstoffoxidation an verschiedenen wolfram carbidmaterialien. *Electrochimia Acta*, 1977; **22**: 1123

122 杨祖望，马淳安. 活性碳化钨研制-反应机理及实验验证. 稀有金属，1988; **12**(2): 155

123 Kojima I., Miyazaki E., Inoue Y., *et al*. Catalytic activities of TiC, WC and TaC for hydrogention of ethylene. *J. Catal.*, 1979; **59**: 472

124 Costa P. D., Lemberton J. L., Potvin C., *et al*. Tetralin hydrogenation catalyzed by Mo_2C/Al_2O_3 and WC/Al_2O_3 in the presence of H_2S. Catalysis Today, 2001; **65**: 195

125 Lee J. S., Volpe L., Ribeiro F. H., *et al*. Molybdenum Catalysts. *J. Catal.*, 1988; **112**: 44

126 Muller J. M., Gault F. G. Mécanismes d'hydrogénolyse et d'isomérisation des hydrocarbures sur metal.-Réactions du triméthyl-1,1,3 cydlopentane sur films de nickel, rhodium et tungsténe. *Bull. Soc. Chim. Fr.*, 1970; **2**: 416

127 Oyama S. T., Schlatter J. C. Preparation and characterization of early transition metal carbides and nitrides. *Ind. Eng. Chem. Res.*, 1988; **42**(5): 488

128 Neylon M. K., Choi S., Kwon H., *et al*. Catalytic properties of early transition metal nitrides and carbides: n-

butane hydrogenolysis, dehydrogenation and isomerization. *Applied Catalysis A: General*, 1999; **183**: 253

129 York A. Shrinking reserves of platinum and other group Ⅷ transition metals are causing chemists to investigate alternative catalysts using tungsten and molybdenum. *Chemistry in Britain*, 1999; **8**: 35

130 Claridge J. B., York A. P. E., Brungs A. J., *et al*. Synthesis of high surface area transition metal carbide catalysts. *Chem. Mater.*, 2000; **12**: 132

131 Schlatter J. C., Oyama S. T. Catalytic behavior of selected transition metal carbide, nitride in the HDN of quinotin. Ind. *Eng. Chem. Res.*, 1988; **27**: 1648

132 Hwn H. H., Chen J. G. Potential application of tungsten carbides as electrocatalysts. 4. Reactions of methanol, water, carbon monoxide over carbide-modified W(110). *J. Phys. Chem. B*, 2003; **107**: 2029

133 Zhang M., Hwu H. H., Buelow M. T., *et al*. Decomposition pathways of No on carbide and oxycarbide-modified W (111) surfaces. *Surface Science*, 2002; **522**(1): 112

134 Wiesener K. Non-nobel metal catalysts for acid electrolyte fuel cells. International Society of Electrochemistry 29th Meeting, 1978.

135 Böhm H. New non-noble metal anode catalysts for acid fuel cells. *Nature*, 1970; **227**: 483

136 Ross P. N. The ralation of surface structure to the electrocatalytic activity of tungsten carbide. *J. Catal.*, 1977; **48**: 42

137 Papazov G., Nikolov I., Pavlov D., *et al*. Sealed lead /acid

battery with auxiliary tungsten carbide electrodes. *J. Power Sources*, 1990; **21**: 79
138 Dietz H., Voss S., dring H., *et al*. Measures for minimizing hydrogen pressure in sealed lead/acid batteries. *J. Power Sources*, 1990; **31**: 107
139 Nikolov I., Papazov G., Pavlov D., *et al*. Tungsten carbide electrodes for gas recombination in lead/acid batteries. *J. Power Sources*, 1990; **31**: 69
140 Dietz H., Dittmar L., Ohms D., *et al*. Noble metal-free catalysts for the hydrogen/oxygen re- combination in lead/acid batteries using immobilized electrolytes. *J. Power sources*, 1992; **40**: 175
141 Nikolov I., Papazov G., Naidenov B., *et al*. Activity and corrosion of tungsten carbide recombination electrodes during lead/acid battery operation. *J. Power Sources*, 1992; **40**: 333
142 Nikolov I., Papazov G., Najdenov V. Performance of tungsten carbide recombination electrodes under various operating condition. *J. Power Sources*, 1992; **40**: 341
143 Bodoardo S., Maja M., Penazzi N., *et al*. Oxidation of hydrogen on WC at low temperature. *Electrochimica Acta*, 1997; **42**(17): 2603
144 Mcintyre D. R., Burstein G. T., Vossen A. Effect of carbon monoxide on the electrooxidation of hydrogen by tungsten carbide. *J. Power Sources*, 2002; **107**: 67
145 Mcalister A. J., Bennett L. H., Cohen M. I. Proceedings of the national fuel cell seminar, hyatt regency hotel, san francisco, 1978
146 Böhm H., Pohl F., Inst J. Etudes piles a combustibles, brussels, 1969

147 Baudendistel L., Böhm H., Heffler J., *et al*. Proceedings of the 7th international energy conversion engineering conference. American Chemical Society, Washington DC, 1972

148 杨祖望，马淳安. WC/HCl/C 燃料电池体系. 能源工程，1978; **1**: 36

149 Bronoel G., Besse S., Tassin N. Electrocatalytic methanol oxidation at PTFE-bonded electrodes for direct methanol-air fuel cell. *Electrochim. Acta*, 1992; **37**: 1351

150 Barnett C. J., Burstein G. T., Kucernak A. R. J., *et al*. Electrocatalytic activity of some carburised nickel, tungsten and molybdenum compounds. *Electrochimica Acta*, 1997; **42**: 2381

151 Nakazawa M., Okamto H. Surface composition of prepared tungsten carbide and its catalytic activity. *Applied Surface Science*, 1985; **24**: 75

152 Nikolov I., Petrov K., Vitanov T., *et al*. Tungsten carbide cathodes for electrolysis of sulphuric acid solutions. *Int. J. Hydrogen Energy*, 1983; **8**: 437

153 Vértes G., Horányi G., Szakács S. Selective catalytic behaviour of tungsten carbide in the liquid-phase hydrogenation of organic commpounds. *J. Chem. Soc. Perkin Trans.* Ⅱ, 1973

154 Horányi G., Vértes G. Kinetics of the liquid-hydrogenation of aromatic nitro-compounds in the presence of tungsten carbide catalyst. *J. Chem. Soc. Perkin Trans.* Ⅱ, 1975

155 Horányi G., Rizmayer E. M. Novel evidence of the selective behavior of tungsten carbide in liquid phase heterogeneous catalytic hydrogenation. *React. Kinet. Catal. Lett.*, 1980;

13(1)：51

156 Horányi G.，Rizmayer E. M. Catalytic reduction of sulphuric acid by molecular hydrogen in the presence of tungsten carbide and platinum catalysts. *J. Electroanal. Chem.*，1976；**70**：377

157 Horányi G.，Rizmayer E. M. Catalytic activity of a tungsten carbide electrocatalyst in the reduction of HNO_3，HNO_2 and NH_2OH by molecular hydrogen. *Electroanal. Chem.*，1982；**132**：119

158 Böhm H.，*et al*. Ext Abstr 85，88，Proc. 29th Meeting ISE Budapest，1978

159 Böhm H.，*et al*. Development of a crude gas/air fuel cell system，US 4172808，1979

160 Ross P. N.，Stonehart P. The relation of surface structure to the electrocatalytic activity of tungsten carbide. *J. Catal.*，1977；**48**：42

161 查全性. 电极过程动力学导论(第三版). 北京：科学出版社，2002

162 Ross P. N.，Stonehart P. The relation of surface structure to the electrocatalytic activity of tungsten carbide. *J. Catal.*，1977；**48**：42

163 Svata M.，Zabransky Z. Preparation of tungsten carbide catalysts with carbon deficient crystal lattice. *Collect. Czech. Chem*，*Commun*，1974；**39**：1015

164 Palanker V. S.，Sokolsky D. V.，Mazulevsky E. A.，*et al*. Catalytic activity and capacitance of tungsten carbide as a function of its dispersity and surface state. *Electrochim. Acta*，1977；**22**：661

165 Nikolov I.，Nikolova V.，Vitanov T. The effect of methed of

preparation on the catalytic activity of tungsten carbide. *J. Power Sources*, 1979; **4**: 65

166 Sokolsky D. V., Palanker V. S., Baybatyrov E. N. Electrochemical hydrogen reaction on tungsten carbide. *Electrochim. Acta*, 1975; **20**: 71

167 Böhm H. Electrochemical apparatus for analyzing carbon monoxide, hydrogen sulfide, hydrogen and sulfur dioxide. *US* 4172808, 1978

168 Nikolov I., Svata M., Grigorov L., *et al*. Influence of composition on the activity of tungsten carbide gas diffusion hydrogen electrodes. *J. Power Sources*, 1978; **3**(3): 237

169 Nikolov I., Vitanov T., Nikolova V. The effect of the method of preparation on the catalyticactivity of Tungsten carbide for hydrogen evolution. *J. Power Sources*, 1980; **5**: 197

170 Ma C. A. Introduction to synthetic organic electrochemistry. *Beijing: Science Press*, 2002

171 Ma C. A., Zhang W. K., Huang H., *et al*. A study of scale-up of the electrochemical reduction of nitrobenzene to p-aminophenol. *J. Chem. Eng. Chin. Univ.*, 2001; **15**(5): 453

172 Jiang J. H., Chen L., Wu B. L., *et al*. Electrochemical reduction of nitrobenzene on the Cu/C-Nafion composite electrode. *Acta Physico-Chimica Sinica*, 1998; **14**(8): 704

173 Marquez J., Pletcher D. A study of the electrochemical reduction of nitrobenzene in acidic propanol/water. *J. Appl. Electrochem.*, 1980; (10): 567

174 马淳安，张文魁，黄辉. 硝基苯的电还原特性研究. 电化学，1999; **5**(4): 395

175 Agnieszka K., Jadwiga S. Electroreduction of nitrobenzene on the mercury electrode in water + HMPA solution. *J. Electroanal. Chem.*, 1993; **346**: 323

176 André C. H., Pierre Marcoux J. F., *et al*. The electrochemical reduction of nitrobenzene and azoxybenzene in neutral and polycrystalline copper and nickel electrodes. *Electrochim. Acta*, 1989; **34**(3): 439

177 朱先军，吴仲达，王红森. 酸性溶液中离子注入钯的玻璃碳电极上硝基苯的电化学还原. 应用化学，1996; **13**(4): 30

178 吴仲达，朱先军，王红森. 离子注入钯的钛电极上硝基苯的电化学还原. 电化学，1999; **1**(1): 38

179 褚道葆，沈广霞，周幸福等. Ti 表面修饰纳米 TiO_2 膜电极的电催化活性. 高等学校化学学报，2002; **23**(4): 678

180 Ravichandran C., Chellammal S., Anatharaman P. N. Electroreduction of nitrobenzene to p-aminophenol at a TiO_2/Ti electrode. *J. Appl. Electrochem.*, 1989; **19**: 465

181 Ravichandran C., Noel M. Anantharaman, P. N. Comparative evaluation of electroreduction of nitrobenzene and m-dinitrobenzene on Ti/TiO_2 electrodes in H_2SO_4. *J. Appl. Electrochem.*, 1994; **24**: 1256

182 Chang S. C., Liang C. W., Fan J., *et al*. The influence of copper adlayer structure on the electroreduction of nitrobenzene at ordered Au (111) as studied by cyclic voltammetry combined with solution flushing tactics. *J. Electroanal. Chem.*, 1996; **415**: 169

183 江军华，陈岚，吴秉亮等. Cu/C－Nafion 复合电极上硝基苯的电化学还原. 物理化学学报，1998; **14**(8): 704

184 Minoru I., Zempachi O., Takehara Z. Application of the solid polymer electrolyte method to organic electrochemistry.

J. *Electrochem. Soc.*, 1993; **140**(1): 19

185 Marquez J., Pletcher D. A study of the electrochemical reduction of nitrobenzene in acidic propanol/water. *J. Appl. Electrochem.*, 1980; **10**: 567

186 Böhm H. New non-noble metal anode catalysts for acid fuel cells. *Nature*. 1970; **227**: 483

187 Keller V., Wehrer P., Garin F., *et al*. Catalytic activity of bulk tungsten carbides for alkane reforming. *J. Catal.*, 1997; **166**: 125

188 Clarideges J. B., Andrew P. E., Attila J. B., *et al*. New catalysts for the conversion of methane to synthesis gas: molybdenum and tungsten carbide. *J. Catal.*, 1998; **180**: 85

189 Nikolov I., Papazov G., Pavlov D., *et al*. Tungsten carbide electrodes for gas recombination in lead/acid batteries. *J. Power Sources*, 1990; **31**: 69

190 Dietz H., Dittmar L., Ohms D., *et al*. Noble metal-free catalysts for the hydrogen/oxygen recombination in lead/acid batteries using immobilized electrolytes. *J. Power Sources*, 1992; **40**: 175

191 Kudo T., Kawamura G., Okamoto H. A new (W, Mo)C electrocatalyst synthesized by a carbonyl process: its activity in relation to H_2, HCHO, and CH_3OH electro-oxidation. *J. Electrochem. Soc.*, 1983; **130**(7): 1491

192 Burstein G. T., Barnett C. J., Kucernak A. R., *et al*. Anodic oxidation of methanol using a new base electrocatalyst. *J. Electrochem. Soc.*, 1996; **143**(7): 139

193 Barnett C. J., Burstein G. T., Kucernak A. R., *et al*. Electrocatalytic activity of some carburised nickel, tungsten and molybdenum compounds. Electrochim. *Acta*, 1997;

42(15): 2381

194 Ding P., Xu W. L., Yang X. Q., *et al*. A plate and frame type fixed-bed electrolytic cell and its industrial application. *CN* 93112449.2, 1994

195 Zha Quanxing. Introduction to electrode process kinetics (3rd edition). *Beijing*, *Science Press*, 2002

196 Conway B. E., Bai L. J. Determination of adsorption of OPDH species in the cathodic hydrogen evolution reaction at Pt in relation to electrocatalysis. *J. Electroanal. Chem.*, 1986; **198**: 149

197 卢世刚，杨汉西，王长发. 贮氢合金用作硝基苯电解加氢的催化电极研究. 电化学，1995;**1**(1): 15

198 Levy R., Boudart M. Platinum-like behavior of tungsten carbide in surface catalysis. *Science*, 1973; **181**: 547

199 Böhm H. New non-noble metal anode catalysts for acid fuel cells. *Nature*, 1970; **227**: 484

200 Houston J. E., Laramore G. E., *et al*. Surface electronic properties of tungsten, tungsten carbide, and platinum. *Science*, 1974; **185**: 258

201 Nikolov I., Petrov K., Vttanov T., *et al*. Tungsten carbide cathodes for electrolysis of sulphuric acid solutions. *Int. J. Hydrogen Energy*, 1983; **8**: 437

202 Lemaitre J. Control of the catalytic activity of tungsten carbides. 1986; **99**: 415

203 Iglesia E., Ribeiro F. H., Boudart M., *et al*. Synthesis characterization and catalytic properties of clean and oxygen-modified tungsten carbides. *Catalysis Today*, 1992; **15**: 307

204 Burstein G. T., Barnett C. J., Kucernak A. R. J., *et al*. Anodic oxidation of methanol using a new base electrocatalyst.

J. Electrochem. *Soc.*, 1996; **143**(7): 189
205 Costa P. D., Lemberton J. L., Potvin C., *et al*. Tetralin hydrogenation catalyzed by MO_2C/Al_2O_3 and WC/Al_2O_3 in the presence of H_2S. *Catalysis Today*, 2001; **65**: 2381
206 Nikolov I., Nikolova V., Vitanov T. The preparation of the white tungstic acid modification and its use for the synthesis of highly active tungsten carbide. *J. Power Sources*, 1981/82; **7**: 83
207 Fleischman R., Böhm H. Hydrogen oxidation on different tungsten carbide materials. *Electrochimica Acta*, 1977; **22**: 1123
208 Ross P. N., Stonehart P. The relation of surface structure to the electrocatalytic activity of tungsten carbide. *J. Catalysis*, 1977; **48**: 42
209 Ma C. A., Zhang W. K. Preparation and electrocatalytic properties of tungsten carbide electrocatalysts. *Trans. Nonferrous Met. Soc. China*, 2002; **12**(6): 1015
210 Yang Z. Y., Ma C. A. The Preparation method of tungsten carbon catalyst. *ZL* 86106868, 1988
211 Ma C. A., Yang Z. Y. Investigation of hydrophobic gas-diffusion WC electrode. *Acta Physico-Chimica Sinica*, 1990; **5**(2): 622
212 Yang Z. Y., Ma C. A. Study on the Active WC catalyst(Ⅱ)-reaction mechanism and experiments. *J. of Chinese Nonferrous Metal*, 1988; **12**(2): 155
213 Cha Q. X. Introduction of electrode kinetics. *Peking: Science Press*, 1987
214 Zoltowski P. The mechanism of the activation process of the tungsten carbide electrode. *Electrochimica Acta*, 1986;

31(1)：103
215 Li K. C.，Wang C. Y. Tungsten. *The Waverly Press*，INC，1955
216 Vidick B.，Lemaitre J.，Ledercq L. Control of the catalytic activity of tungsten carbide I. Prepatation of highly dispersed tungsten carbides. *J. of Catalysis*，1986；**99**：415
217 Ribeiro F. H.，Betta R. A. D.，Guskey G. J.，*et al*. Preparation and surface composition of tungsten carbide powders with high specific surface area. *Chem. Mater.* 1991；**3**：805
218 Ramanathan S.，Oyama S. T. New catalysts for hydroprocessing：transition metal carbides and nitrides. *J. Phys. Chem.*，1995；**99**：16365
219 Claridge J. B.，York A. P. E.，Brungs A. J.，*et al*. Synthesis of high surface area transition metal carbide catalysts. *Chem. Mater.*，2000；**12**：132
220 York A. P. E.，Claridgel J. B. Synthesis of early transition metal carbides and their application for the reforming of methane to synthesis gas. *Studied in Surface and Catalysis*，1997；**110**：711
221 Löfberg A.，Frennet A. G.，*et al*. Mechanism of WO_3 reduction and carburization in CH_4/H_2 mixtures leading to bulk tungsten carbide power catalysts. *J. Catalysis*，2000；**189**：170
222 Giraudon J. M.，Devassine P. F.，Lamonier J.，*et al*. Synthesis of tungsten carbides by temperature-programmed reaction with CH_4-H_2 mixtures. Influence of the CH_4 and hydrogen content in the carburizing mixture. *J. Solid state Chemistry*，2000；**145**：412
223 Zeng D.，Hampden-Smith M. J. Room-temperature synthesis

of molybde- num and tungsten carbides, Mo_2C and W_2C, via chemical reduction methods. *Chem. Mater.*, 1992; **4**: 968

224 Zeng D., Hampden-Smith M. J. Room temperature synthesis of crystalline molybdenum and tungsten carbides, Mo_2C and W_2C, via chemical reduction methods. *Chem. Mater.*, 1995; **5**: 681

225 Baxter D. V., Chisholm M. H., DiStasi V. F., *et al.* Dimetal hepta- and octaalkoxide anions of molybdenum and tungsten, $M_2(OR)_7$- and $M_2(OR)_{82}$- (M. tplbond. M). preparation, structures, oxidation, and a study of the thermal decomposition of $W_2(OR)_7$-to Give $W_2(H)(O)(OR)_6$- where R = tBu and iPr. *Chem. Mater.*, 1995; **7**: 84

226 Parkin I. P., Nartowski A. T. Fast metathesis routes to tungsten and molybdenum carbides. *J. Materials Science Lett.*, 1999; **18**(4): 267

227 Nartowski A. M., Parkin I. P., Mackenzie M., *et al.* Surface treatments and coatings for metals: surface treatments, surface preparation, and the nature of coating. *J. Mater. Chem.*, 2001; **11**: 3116

228 Johnson C., Sellinsxhegg H., Johnson D. C. Electrochemical response of small organic molecules at nickel-copper alloy electrodes. *Chem. Mater.*, 2001; **13**: 3876

229 Nelson J. A., Wagner M. J. Reduction of enamel acid solubility with electrophoretic fluoride applications. *Chem. Mater.*, 2002; **14**: 1639

230 Wanner S., Hiaire L., Wehrer P., *et al.* Obtaining tungsten carbide from tungsten bipyridine complexes via low temperature thermal treat. *Applied Catalysis A: General*, 2000; **203**: 55

231 Yamada K . Synehesis of tungsten carbide by dynamic shock compression of a tungsten-acetylene black power mixture. *J. Alloys and Compounds*, 2000; **305**: 253

232 Kic R. , Kodambaka S. K. Tungsten carbide (WC) synthesis from novel precursors. *J. the European Ceramic Society*, 2000; **20**: 1859

233 Baikalova Y. V. , Lomovsky O. I. Solid state synthesis of tungsten carbide in an inert copper matrix. *J. Alloys and Compounds*, 2000; **297**: 87

234 Medeiros F. F. P. , Oliveira S. A. D. , Souxa C. P. D. , *et al*. Synthesis of tungsten carbide through gas-solid reaction at low temperature. *Materials Science and Engineering*, 2001; **315**: 58

235 Ranhotra G. S. , Haddix G. W. T. , Bell A. , *et al*. Catalysis over molybdenum carbides and nitrides. I. catalyst characterization. *J. Catal.* , 1987; **108**: 24

236 Oyama S. T. , Schlatter J. C. , Metcalfe J. E. , *et al*. Preparation and characterization of early transition-metal carbides nitrides. *Ind. Eng. Cehm. Res.* , 1988; **27**: 1639

237 York A. P. E. , Claridge J. B. C. , Marquez Alvarex, *et al*. Synthesis of early transition metal carbides and their application for the reforming of methane to synthesis gas. *Stud. Surf. Sci. Catal.* , 1997; **110**: 711

238 Brenner J. R. , Thompson L. T. Characterization of HDS/HDN active sites in cluster-derived and conventionally-prepared sulfide catalysts. *Catal. Today*, 1994; **21**: 101

239 Leclercq G. , Kamal M. M. , Giraudon J. , *et al*. Study of the preparation of bulk powder tungsten carbides by temperature programmed reaction with $CH_4 + H_2$ mixtures. *J. Catal.* ,

1996；**158**：142

240 York A. P. E.，Claridge J. B.，Williams V. C.，*et al*. Synthesis of high surface area transition metal carbide catalysts. *Stud. Surf. Sci. Catal.*，2000；**103**：989

241 Oyama S. T.，Delporte P.，Pham-Huu C.，*et al*. Chem. Lett.，1997

242 Choi S.，Thompson L. T. Surface properties of high-surface-area powder and thin film molybdenum nitrides treated in H_2 and H_2S. *Mater. Res. Soc. Symp. Proc.*，1997；**454**：41

243 Moreno-Castilla C.，Alvarez-Merino M. A.，Carrasxo-Martin F.，*et al*. Tungsten and tungsten carbide supported on activated carbon：surface structure and performance for ethylene hydrogenation. *Langumuir*，2001；**17**：1752

244 Ribeiro F. H.，Boucart M.，Dalla B.，*et al*. Catalytic reactions of n-alkanes on W_2C and WC：the effect of surface oxygen on reaction pathways. *J. Catal.*，1991；**130**：498

245 Polizztti B. D.，Hwu H. H.，Chen J. G. The effect of carbide surface structure：Different reaction pathways of cyclohexene on C/W(110) and C/W (111). *Surface Science*，2002；**520**：97

246 Liu N.，Rykov S. A.，Chen J. G. A comparative surface science study of carbide and oxycarbide. The effect of oxygen modification on the surface reactivity of C/W (111). *Surface Science*，2001；**487**：107

247 Mclntyre D. R.，Burtein G. T.，Vossen A. Effect of carbon monoxide on the electrooxidation of hydrogen by tungsten carbide. *J. Power Sources*，2002；**107**：67

248 Löfberg A.，Frennet A.，Leclercq G.，*et al*. Mechanism of WO_3 reduction and carburization in CH_4/H_2 mixtures leading

to bulk tungsten carbide powder catalysts. *J. Catal.*, 2000; **189**: 70

249 Ross P. N., Stonehart P. The relation of surface structure to electrocatalytic activity of tungsten carbide. *J. Catal.* 1977; **48**: 42

250 Lemaiter J., Vidick B., Delmon B. Control of the catalytic activity of tungsten carbide. I. preparation of highly dispersed tungsten carbides. *J. Catal.*, 1986; **99**: 415

251 Löferberg A., Frennet A., Lercq G., *et al.* Mechanism of WO_3 reduction and carburization in CH_4/H_2 mixtures leading to bulk tungsten carbide powder catalysts. *J. Catal*, 2000; **189**: 170

252 Koc R., Kodambaka S. K. Tungsten carbide (WC) synthesis from novel precursors. *J. Catal.*, 2000; **189**: 170

253 Giraudon J. M., Devassine P., Lamonier J. F., *et al.* Synthesis of tungsten carbides by temperature-programmed reaction with CH_4 - H_2 mixtures. Influence of the CH_4 and hydrogen content in the carburizing mixture. *J. State Chemistry*, 2000; **154**: 412

254 Almeida E. Surface treatments and coatings for metals. A general overview. 1. Surface treatments, surface treatments, surface preation, and the nature of coatings. *Ind. Eng. Chem. Res.*, 2001; **40**: 3

255 唐振方，钟红海，黄景清等. 高频等离子体喷雾热解法制备 CuO/Al_2O_3 粉体. 无机材料学报，1997; **12**(4): 505

256 Xiao T. C., Hanif A., York A. P. E., *et al.* Study on preparation of high surface area tungsten carbidesand phase transition during the carburisation. *Phys. Chem. Chem. Phys.*, 2002; **4**: 3522

257 Asada N., Yamamoto Y., Shimatani K., *et al*. Particle size of fine WC by the continuous direct carburizing process. *Metal Powder Report*. 1990; **45**(1): 60

258 Zha Q. X. Kinetics introduction of electrode process. *Beijing Science Press*, 2002

259 Niehaus D., Philips M., Michael A. C., *et al*. Microdisk electrodes part I digital simulation with a conformal map. *J. Phys. Chem.*, 1989; **93**: 6232

260 Andew P. D., Claudine. A. B. Procedure for the electrolytic production of inorganic peroxy compounds. *Electrochim. Acta*, 2004; **49**(22): 3821

261 Lund. H. Nitro compounds, azides and related compounds. *J. Electrochem. Soc.*, 2002; **149**: 21

262 Böhm H. Adsorption and anodic oxidation of hydrogen on tungsten carbide. *Electrochim. Acta*, 1970; **15**(7): 1273

263 Fleischmann, R. Böhm, H. Hydrogen oxidation on different tungsten carbide materials. *Electrochim. Acta*, 1977; **22**(10): 1123

264 Vértes G., Horányi G., Szakács S., Chem *J. Soc. Perkin Trans*. Ⅱ, 1973

265 Liu P. F., Zha Q. X., Li X., *et al*. Redox polymer modified porous electrodes. *Chem. J. Chinese Universities*, 1994; **15**(5): 725

266 Yang T. M., Hu X. A., Lu J. J., *et al*. Chem. development and application of polyvinyl Chloride modified powder microelectrode. *J. Chinese Universities*, 1998; **19**(11): 1743

267 Michas A., Millet P. Metal and metal oxides based membrane composites for solid polymer electrolyte water electrolyzers.

J. Memb. Sci., 1991; **61**: 157
268 Armstrong R. D., Bell M. F. Tungsten carbide catalysts for hydrogen evolution. *Electrochim. Acta*, 1978; **23**: 1111
269 Sokolsky D. V., Palanker V. S., Baybatyrov E. N. Electrochemical hydrogen reations on tungsten carbide. Electrochim. *Acta*, 1975; **20**: 71
270 Armstrong R. D., Bell M. F. Tungsten carbide catalysts for hydrogen evolution. *Electrochim. Acta*, 1978; **23**: 1111
271 Xiao X. F., Liu X. R., Zhu Z. S. Ni-W-WC composite coating electrode for hydrogen evolution in alkaline solution. *Acta Phys. Chim. Sin.*, 1999; **8**: 742
272 Tan Q. X., Zhu L. Z., Liu S. L., *et al*. A study on the codeposition mechanism of tungsten carbide particles with nickel from nickel sulfate bath. *Acta Phys. Chim. Sin.*, 1994; **10**: 892
273 Southampton eletrochemistry group. instrumental methods in electrochemistry. *New York: Wiley Press*, 1985
274 Saidman S. B., Bellocq E. C., Bessone J. B. Stationary and non-stationary electrochemical response of polycrystalline indium in alkaline media. Electrochim. *Acta*, 1990; **35**(2): 329
275 Nuñez-Vergara L. J., Bollo S., Alvarez A. F., *et al*. Nitro radical anion formation from nimodipine. *J. Electroanal. Chem.*, 1993; **345**(1-2): 121
276 Dong S. J., Che G. L, Xie Y. W. Chemically modified electrodes. *Beijing: Science Press*, 2003
277 Núñez-Vergara L. J., Bonta M., Navaarrete-Encina P. A., *et al*. Electrochemical characterization of ortho and meta-nitrotoluene derivatives in different electrolytic media. *Electrochim. Acta*, 2001; **46**(28): 4289

致谢

本论文是在导师周邦新院士和成旦红教授的悉心指导下完成的. 几年来,导师精深的学术造诣、渊博的知识、严谨的治学态度、谦虚的人生品格和求实的工作作风使我深受教益,终生难忘,是我永远学习的楷模. 值此论文完成之际,谨向导师几年来对我的指导、关心和支持所付出的辛勤劳动表示崇高的敬意和衷心的感谢!

学习期间承蒙张诚教授、陈丽涛教授、李国华博士、褚有群博士、朱英红博士、童少平博士、王连邦博士、郑华均副教授以及施梅勤、毛信表、李美超、王素琴、何良栋、楼颖伟、郑遗凡等老师的关心、帮助和支持,在此谨向他们表示由衷的感谢!

实验过程中还得到了张维民硕士、黄烨硕士、徐志花硕士、赵峰鸣博士、葛小芳硕士、徐颖华硕士、王晓军硕士等的热忱帮助,在此一并表示感谢!

感谢在求学生涯中培养和支持过我的所有老师和同学,愿他们在人生的道路上工作顺利、生活幸福、身体健康、一切如意!

在本论文完成之际,我还要感谢武汉大学的查全性院士、周运鸿教授以及浙江工业大学的杨祖望教授,因为在本研究的前期工作中,他们给了我十分重要的指导、关心和有益的帮助,对他们所付出的心血,永远铭刻在我心中!

另外,在论文期间,我所从事的研究得到国家自然科学基金委员会“高比表面纳米碳化钨催化剂的制备及电化学性能研究”和“纳米WC/纳米碳管复合材料的制备及其电化学性能研究”两项国家自然科学基金项目的资助和“纳米碳化钨的微结构及催化性能研究”浙江省自然科学基金重大项目的资助,为我的博士论文提供了强有力的经费支持和学术支撑,对此深表谢意!

最后，还要特别感谢我年迈的父母亲、妻子和女儿. 感谢父母亲对我的养育之恩；感谢妻子和女儿给予我工作上的理解、支持和无私的爱. 对他们的一片感激之情我无法用语言表达，愿他们在我论文完成之际能共同分享其中的快乐！我的一切也因为有您们而精彩！